GartenLeben

in der Alten Gärtnerei

Gesa Klaffke-Lobsien und Kaspar Klaffke
mit Fotos von Jutta Alms

gefördert durch:

www.gartengesellschaft.de

Gefördert durch die
Region Hannover

zu Klampen!

IMPRESSUM

Röse 21, 31832 Springe
info@zuklampen.de, www.zuklampen.de

Text:
Gesa Klaffke-Lobsien und Kaspar Klaffke

Fotos:
Ulrike Wietzorrek: 6, 95 unten rechts • Lisa Vogel: 10, 13 • Klaffke-Lobsien/Klaffke: 14, 16, 17, 18, 33 oben + Mitte, 35 oben, 37, 39, 40 links, 46, 51, 56, 60, 61, 63 links oben + rechts, 71, 72 oben, 75, 76, 77, 78, 90, 91 unten, 92/93, 101, 102, 116, 124 oben links + Mitte + unten, 126, 131 unten, 140, 153 unten, 154, 155, 158 oben links, 161 oben, 178 oben, 193 oben, 196, 197, 198, 199, 201, 202, 203, 205
Jutta Alms: alle anderen Fotos

Gestaltung, Satz:
Team Medienservice & Post der Region Hannover, Christina Busche

Druck:
Printed Standartų spaustuvė, www.standart.lt

ISBN 978-3-86674-549-0

Bibliografische Information der Deutschen Nationalbibliothek
Die Deutsche Nationalbibliothek verzeichnet diese Publikation in der Deutschen Nationalbibliografie; detaillierte bibliografische Angaben sind im Internet über ‹http://dnb.dnb.de› abrufbar.

WIDMUNG

Für unsere Enkelkinder Jasper, Merle, Nina und Enno

DANK

Wir danken der Region Hannover, dass sie dieses Buchprojekt ermöglicht und professionell begleitet hat. Außerdem danken wir Jutta Alms für ihren unermüdlichen Einsatz beim Fotografieren, Julius Klaffke für die sorgfältige Durchsicht des Textkonzepts, Ulrike Wietzorrek für ihre Anregungen zum Layout. An der Ideenfindung für die Struktur des Buches war Daniel Behrendt beteiligt. Dankbar sind wir für die finanzielle Unterstützung der zweiten Auflage durch die Gesellschaft zur Förderung der Gartenkultur e.V.

INHALT

VORWORT

Seit unserer Kindheit leben wir mit und in Gärten, zunächst bei den Eltern, dann einer von uns professionell und schließlich gemeinsam in verschiedenen eigenen. Im Miteinander, allgemein und im Garten, sind wir nicht unerfahren. Im Angesicht unserer bevorstehenden Pensionierung fragten wir uns, wie wir unser zukünftiges Leben gestalten wollten. Wir entschieden uns für einen neuen Garten in Hannover und suchten nach einem Ort, an dem wir unsere gartenkulturellen Vorstellungen verwirklichen konnten. Wir träumten von einem blumenreichen, sonnigen Garten, der uns aber auch mit Obst und Gemüse beschenken und das ganze Jahr über reizvoll sein sollte. Die Einheit von Haus und Garten war uns wichtig. Da wir beide aus großen Familien stammen und viele Freunde und Bekannte haben, sollte der Garten bei besonderen Anlässen zahlreiche Gäste aufnehmen können. Wir wollten in Gemeinschaft bleiben. Schließlich fanden wir diesen Ort in einer brach liegenden Friedhofsgärtnerei in Hannover-Oberricklingen. Dort wirken wir nun seit dem Jahr 2000.

Vor allem fünf Antriebsquellen bestimmen dort unsere Gartenbegeisterung und treiben sie voran.

Die erste verbindet uns mit der Natur und der Vorgeschichte des Ortes. Auf jedem Grundstück würde sich von selbst wilde Natur entfalten. Topographie und Klima, Boden und Wasser bestimmen als natürliche Faktoren das Potenzial. Hinzu kommen zivilisatorische Hinterlassenschaften, in unserem Fall ein nahezu voll versiegeltes Gewerbegrundstück und eine städtische Umgebung. Wir sind davon überzeugt, dass erst mit der Erkundung und Bewertung der vorgefundenen Situation die Voraussetzungen zur Entwicklung eines einzigartigen und unverwechselbaren Gartens geschaffen werden.

Der zweite Antrieb ist die gestaltende Veränderung und Bereicherung der hier von selbst gedeihenden Flora. Wir wollen die Türen einladend öffnen, auch für die Vielfalt der Gewächse, die in anderen Erdgegenden ihre Heimat haben und doch bereit sind, bei uns zu Gast zu sein. Wir bewundern, was gartenbauliche Kunst an Züchtungen hervorgebracht hat. Das geht nur auf Kosten der Birken, Weiden und Disteln, die das Grundstück vorher überwuchert hatten. Aber unser Bestreben ist doch, eine Balance zwischen dem Mirakel des natürlichen Wildwuchses und unseren kulturell bedingten Gestaltungs- und Ordnungsvorstellungen zu erreichen.

Der dritte Beweggrund entwickelte sich aus der Beobachtung, dass sich im Garten auf geradezu ideale Weise Theorie und Praxis verbinden. Er ist gewiss ein realer Ort. In ihm wird gesät, pikiert, gepflanzt, gegraben, gejätet, gebaut und geerntet. Gärtnerhände bezeugen dauerhaft ihren intensiven Umgang mit Erde, Wasser und Pflanzen. Der beliebte Sinnspruch »Ohne Fleiß von früh bis spät wird dir nichts geraten. Neid sieht nur das Blumenbeet, aber nicht den Spaten.« greift diese praxisorientierten Anforderungen auf. Zugleich verweist er aber allegorisch auf eine allgemeinere Ebene. Der Garten wird als Bild verwendet, um eine Maxime des Handelns einleuchtend zu erklären. Literatur und Bildende Kunst sind voll von solchen Allegorien. Der Garten löst sich quasi aus seiner Erdverbundenheit und wird zur Idee. Wunderbarerweise beeinflusst diese wie in einem Kreislauf wieder die konkrete Gestaltung. Wir nutzen den Garten nicht nur als Bild, sondern machen uns auch ein Bild von ihm. Dieses Wechselspiel ist für uns ein unerschöpfliches Thema, bereichert unser Denken, unsere Gespräche, unsere Erlebnisse und Empfindungen. Es macht den Garten zu einem kulturellen Ort.

Der Begriff »Garten« weckt fast ausschließlich positive Assoziationen. Die mit ihm verbundene Arbeit könnte auch weniger euphorisch gedeutet werden. Schließlich spielte in der historischen Entwicklung des Gartens stets auch der Nutzen eine wichtige Rolle. Ein wesentlicher Antrieb der Kleingartenbewegung zum Beispiel war nackte Not. Die Früchte des Gartens sollten helfen, die Familie zu ernähren. Aber selbst ein Schrebergarten wurde stets auch als ein arkadischer Ort wahrgenommen und entsprechend behandelt. Die gesamte Geschichte der Gartenkunst wird durch dieses Streben nach ästhetischer Vollkommenheit bestimmt. Auch wir bekennen uns - das ist unser vierter Beweggrund - uneingeschränkt zu diesem Anspruch. Wir möchten, dass unser Garten schön ist. Um das zu erreichen, wollen wir nicht bewährte Modelle kopieren, sondern hoffen, das Ideal in einer experimentierenden Verknüpfung von Ort, Pflanzenvielfalt, Erfahrung und Begeisterung zu finden.

Die positive Bewertung des Gartens bietet für unser Gartenleben noch eine fünfte Grundierung an. In der Plünderung unseres Planeten sind wir Menschen inzwischen so erfolgreich, dass wir mit unseren massiven Eingriffen in die natürliche Umwelt die eigenen Lebensgrundlagen in Frage stellen. Der Garten kann ein hilfreiches Bild für einen verträglichen Umgang mit den natürlichen Ressourcen liefern. Aber ein Bild erlaubt viele Deutungen. Im praktischen Gartenhandeln möchten wir deshalb ausprobieren, ob es möglich ist, mit dem Garten und über den Garten einen konkreten Beitrag zu einem nachhaltigen, umweltfreundlichen Leben zu leisten.

In diesem Buch erzählen wir zunächst von der Geschichte der Alten Gärtnerei, schildern, was wir vorgefunden haben und wie wir damit umgegangen sind. Danach verfolgen wir die Veränderungen des Gartens sowie unserer Wahrnehmungen und Empfindungen von Januar bis Dezember. Jeder Monatsbericht wird durch eine besondere Facette unseres Gartenlebens ergänzt. Fast ein Jahr lang hat Jutta Alms mit der Kamera den jahreszeitlichen Wandel begleitet. Für Pflanzeninteressierte findet sich am Schluss des Buches ein Verzeichnis der bei uns wachsenden Arten und Sorten. Die Beschreibungen der Struktur und des Jahresablaufs sowie die Angaben zum Inventar beziehen sich auf das Jahr 2014.

Wir wollen nicht den Eindruck erwecken, alles richtig zu machen. Dies ist kein Rezeptbuch für den Garten. Wenn es uns aber gelingen sollte, das hortikulturelle Denken und das Handeln des Lesers zu beflügeln, würden wir uns sehr freuen.

Städtische Friedhofsgärtnerei Ricklingen um 1990

ALTE GÄRTNEREI DES STADTFRIEDHOFS RICKLINGEN

Die Geschichte der ehemaligen städtischen Friedhofsgärtnerei in Hannover-Oberricklingen reicht bis in die Zeit vor dem Ersten Weltkrieg zurück. Damals war die Industriestadt Linden noch eigenständig. Sie brauchte dringend einen neuen Friedhof und plante diesen auf den Gemarkungen des Stadtteils Ricklingen und der Gemeinde Wettbergen an der Göttinger Chaussee. Als »Hauptfriedhof Linden« wurde der heutige »Stadtfriedhof Ricklingen« 1908 eröffnet.

Zum Betrieb eines kommunalen Friedhofs gehörte damals selbstverständlich eine eigene Gärtnerei. Zusammen mit der Kapelle und dem Verwaltungsgebäude wurde diese 1910 nach Plänen des Architekten Carl Ahrend gebaut. Vermutlich bestand die Gärtnerei damals aus dem Arbeitshaus mit Fachwerkhaube und zwei südlich daran anschließenden Gewächshäusern: einem 6 x 15 m großen, bis zu 3,75 m hohen Kalthaus für die Pflanzenkultur von Grabschmuck und einem deutlich niedrigeren Warmhaus, in dem neben Aussaaten empfindlichere Dekorationspflanzen für die Bestattungsfeiern kultiviert wurden. Unter dem Arbeitshaus befand sich ein Keller, in dem die damals übliche Koksheizung untergebracht war. Das Haus hatte an den Schmalseiten je einen Eingang. Die Gesamtanlage war, wie damals bei Gärtnereien üblich, präzise an die Himmelsrichtungen angepasst. Die Firstlinien der Gewächshäuser liefen von Norden nach Süden, die Längsachse des Arbeitshauses war von Westen nach Osten ausgerichtet. Dadurch wurde die brennende Mittagssonne weitgehend reflektiert. Das Morgen- und Abendlicht konnte aber wärmend eingefangen werden.

Mit der Eingemeindung von Linden 1921 kam die Gärtnerei zur Friedhofsverwaltung der Stadt Hannover. Auch sie betrieb auf allen ihren großen Friedhöfen eigene Gärtnereien. Nach dem Zweiten Weltkrieg wurde das Arbeitshaus durch einen so genannten Glashaus-Verbinder um das Doppelte verlängert. Zwei weitere Gewächshäuser wurden angebaut. Das Arbeitshaus verband also nun vier parallel zueinander verlaufende Glashäuser. Die Heizung wurde auf Gas umgestellt und im Verwaltungsgebäude zentralisiert. An drei Seiten war die Gärtnerei zuletzt von teilweise beheizbaren Frühbeetkästen umgeben.

Ende der 1970er Jahre gerieten die städtischen Friedhofsgärtnereien ins Blickfeld der Ökonomen und Politiker. Die Stadtverwaltung sollte sich von Aufgaben zurückziehen, die der private Markt genauso so gut anbieten kann. Mindestens sollten die Gärtnereien profitabel sein. Das war nicht der Fall und deshalb wurden sie nach und nach aufgegeben. Die Gärtnerei des Stadtfriedhofs Ricklingen hielt am längsten durch. Unter der Leitung des Gartenmeisters Walter Vogel erbrachte sie beeindruckende Produktionsleistungen. Aber der politische Wille war stärker. Seit 1994 lag auch diese Gärtnerei brach.

In fast allen Fällen wurde die Gebäudesubstanz der stillgelegten städtischen Gärtnereien vollständig beseitigt. Bei der Anlage in Ricklingen geschah dies nicht. Sie war in ihrer Grundsubstanz nachweislich alt und gehörte dadurch zum Gesamtdenkmal Stadtfriedhof Ricklingen. Sie hatte durch die eindrucksvolle Metallkonstruktion des alten großen Gewächshauses und das alte Arbeitshaus mit der Fachwerkhaube eine besondere Qualität und Ausstrahlung.

Der innere Garten 2001

UMWANDLUNG DER GÄRTNEREI IN EIN WOHNHAUS MIT GARTEN

Als wir im Jahr 1999 das Kerngrundstück der Gärtnerei von der Stadt kauften, um dort zu wohnen und zu gärtnern, war der Verfall der Gewächshäuser schon weit fortgeschritten. Gehölzwildwuchs hatte die Beete erobert. Viele, die wir fragten, konnten sich das Bewohnen einer solchen Ruine nicht vorstellen; denn auch strukturell war das Arbeits- und Verbindergebäude mit einer Gesamtlänge von zwanzig und einer Breite von nur drei Metern für die Umwandlung in eine Wohnung eine starke Herausforderung. Normale Wohnvorstellungen ließen sich darin nicht verwirklichen. Aber der Architekt Peter Hübotter, der mit dem Bau von Häusern für Gärtner schon lange Erfahrungen hatte, ermutigte uns und blieb auch mit erprobter Leidenschaft dabei, als wir die ehemalige Gärtnerei sogar in ihrer Grundstruktur erhalten und damit als Teil des Denkmals sichern wollten.

Nach intensiven Überlegungen, an denen sich auch unser Sohn Julius als junger Architekt beteiligte, entschieden wir uns schließlich für das folgende, immer noch gültige Raum- und Nutzungskonzept: Das lange Gebäude blieb unverändert. Allerdings erhielt der Glasverbinder auf der alten Konstruktion massive Wände, neue Fenster und Türen und ein Dach aus Zinkblech. Die Tür nach Westen wurde geschlossen. So entstand ein langer durchgehender Raum, der als Entree, Wohnraum, Bibliothek, Küche und Essplatz dient. Der ehemalige Dachraum des alten Arbeitshauses, der vorher nur über eine Luke erreichbar war, wurde als Mehrzweckraum ausgebaut, erhielt eine Treppe und sogar noch ein kleines Duschbad. Im Raum unter der Treppe wurde ein Gäste-WC eingefügt.

Am Südende des alten großen Gewächshauses wurde ein später hinzugefügtes, noch etwas höheres Gewächshaus abgerissen. Ungefähr in derselben Kubatur errichteten wir ein neues Gebäude, ebenfalls mit Zinkdach und Holzverschalung. Dieses Haus dient als »Schlafhaus« mit Ausgängen zum Vorplatz und in den Garten. Das alte Gewächshaus verbindet das Wohnhaus mit dem Schlafhaus.

Die anderen Gewächshäuser trugen wir gemeinsam mit unseren Söhnen Linus und Julius und unserer Schwiegertochter Ilse ab, um in ihnen offene Gartenräume zu schaffen. Mauern, Wasserbecken, Wege, teilweise auch Eisenträger ließen wir stehen, um sie für die Gestaltung zu nutzen. Die ehemaligen Zugänge vom Verbindergebäude in die

Brachliegende Friedhofsgärtnerei 1999

Ehemaliges Verbindergebäude 1999

Gewächshäuser blieben im Prinzip unverändert. Sie garantieren die enge Verknüpfung zwischen drinnen und draußen. Die Endstücke der niedergelegten Gewächshäuser wandelten wir auf der alten Konstruktion in Schuppen um, auch hier mit Zinkdächern und Holzverschalung. Jeder der neu entstehenden Freiräume erhielt mindestens einen Sitzplatz. Abweichend vom früheren Wegesystem, das ja immer nur einen Zugang vom Verbindergebäude aus gewährte, wurden die ehemaligen Gewächshausflächen durch (die ehemaligen Mauern durchschneidende) Querwege miteinander verbunden.

Eine reizvolle Besonderheit ist noch zu erwähnen: Die Gärtnerei war in ein hängiges Gelände hineingebaut worden, das von Osten nach Westen ansteigt. Der Osteingang in das Arbeitshaus hatte ebenerdigen Geländeanschluss. Von dieser Stelle aus schob sich die Gewächshausanlage horizontal in den Hang hinein. Der Höhenunterschied betrug am Westeingang ungefähr einen Meter und wurde mit einer Treppe überwunden. Zwischen den beiden alten Gewächshäusern lagen Bedienungswege für Schattierungs- und Reparaturarbeiten. Diese waren auf Geländeniveau von außen betretbar. Diese Höhendifferenzierungen übernahmen wir unverändert. Mit der Umwandlung von drei Gewächshäusern in Freiräume entstehen dadurch Wege, die sich auf unterschiedlichem Niveau befinden: tief liegende in den früheren Gewächshäusern und hoch liegende mit Anschluss an die natürliche Topographie. Eine weitere Besonderheit ist, dass es im westlichen, vierten Gewächshaus, gemauerte Hochbeete gab. Auch diese blieben als Teil der ehemaligen Gärtnerei erhalten.

Wegen der nahen, verkehrsreichen Göttinger Chaussee gibt sich die Gesamtanlage vor allem nach Osten, aber auch nach Norden und Süden verschlossen. Zwar wurden drei Fenster auf der Nordseite des alten Arbeitshauses erhalten, aber sonst sind die Wohn- und Schlafräume nach innen auf die drei Gartenräume ausgerichtet. Das Gewächshaus und die Schuppen vervollständigen die bauliche Abschirmung.

Bei dieser Innenorientierung machte es nichts, dass die unmittelbare Umgebung ein wenig verwahrlost aussah. Ein nicht zum Grundstück gehöriges, leer stehendes Arbeitsgebäude und in die Jahre gekommene Garagen sowie eine zusammengeflickte, zum Parken benutzte Asphaltfläche verstärkten den Eindruck eines vergessenen Geländes. Umso wirksamer war die Kontrastwirkung, wenn Besucher durch eine Pforte in den inneren paradiesischen Garten gelangten.

Diese Situation hat sich allerdings in den Jahren 2012/2013 grundlegend verändert. Die Stadt Hannover hat auch dieses Gelände verkauft und anstelle des alten Gerümpels ist eine kleine Siedlung mit fünf neuen Wohnhäusern entstanden. Die verantwortliche Baufirma warb mit dem Spruch »Wohnen an der Alten Gärtnerei« um Käufer. Diese Werbung umschreibt gut die neu entstandene städtebauliche Struktur. Neben einem noch erhal-

Umgewandelte Alte Gärtnerei 2001

tenen Wohngebäude aus den 1920er Jahren wirkt unser Grundstück wie eine Erinnerung an frühere Zeiten und verleiht der kleinen Siedlungszelle einen unverwechselbaren Charakter.

Wir haben im Zusammenhang mit dieser Baumaßnahme noch einen Grundstückstreifen mit einem ehemaligen Frühbeetkasten hinzu erwerben können und als Entree eine wie ein Gewächshaus wirkende Fahrradgarage mit Blumenregal gebaut. Wir wollen uns damit nun auch nach außen einladend in die Gemeinschaft einbringen.

Mit Ausnahme einer kleinen Fläche an der Grundstückseinfahrt versickert das gesamte anfallende Regenwasser auf dem Grundstück. Es fließt teilweise in die mit Überlauf versehenen Wasserbecken oder direkt in die Beete.

Neues Wohnhaus, drei Meter breit und zwanzig Meter lang

Alte Gärtnerei
Zufahrt
Göttinger Chaussee
0
10
50m

Alte Gärtnerei von Osten 2014

Gartenstruktur | Garten und Haus sind eng miteinander verwoben. Das verbindende Gewächshaus zwischen Wohn- und Schlafhaus kann auch als Garten im Haus aufgefasst werden. Vom Schlafhaus führen zwei, vom ehemaligen Arbeitshaus drei Türen nach draußen. Darüber hinaus sichern große Fenster den ständigen Blickkontakt. Zimmerpflanzen haben zu den Wohnräumen im engeren Sinne keinen Zutritt. Irgendwo muss selbst bei uns Schluss sein mit der vitalen pflanzlichen Durchdringung unseres Daseins. Den Garten lassen wir hier nur als Bild und Text, als Idee und Vorstellung, als Gespräch und Traum, als Duft und Küchenprodukt hinein. Allerdings steht immer ein frischer Blumenstrauß auf dem Tisch.

Die Flächen im Gewächshaus und draußen sind für uns dagegen handfestes, tätiges Experiment. Dort leben wir in Gemeinschaft mit den Pflanzen, bewundern ihre unermessliche Vielfalt und Schönheit, ihren Eigen- und Lebenswillen, ihre Vitalität und Flexibilität. Wir greifen mit dem uns zur Verfügung stehenden gärtnerischen Werkzeugkasten ein, staunen über die Wirkungen, die wir erzielen, gewinnen Erkenntnisse über die ökologischen Zusammenhänge, sammeln Wissen, tauschen uns mit anderen Gartenliebhabern aus, erleben die Freuden des Erntens, bewundern die Kräfte der Natur, nehmen sie demütig hin, lassen aber doch in unserem Bedürfnis, steuernd einzugreifen, nicht locker.

Unser Interesse am Experiment hat in den vergangenen Jahren immer wieder zu Veränderungen geführt, aber es gibt einige Festlegungen, die sich bisher als stabil erwiesen haben.

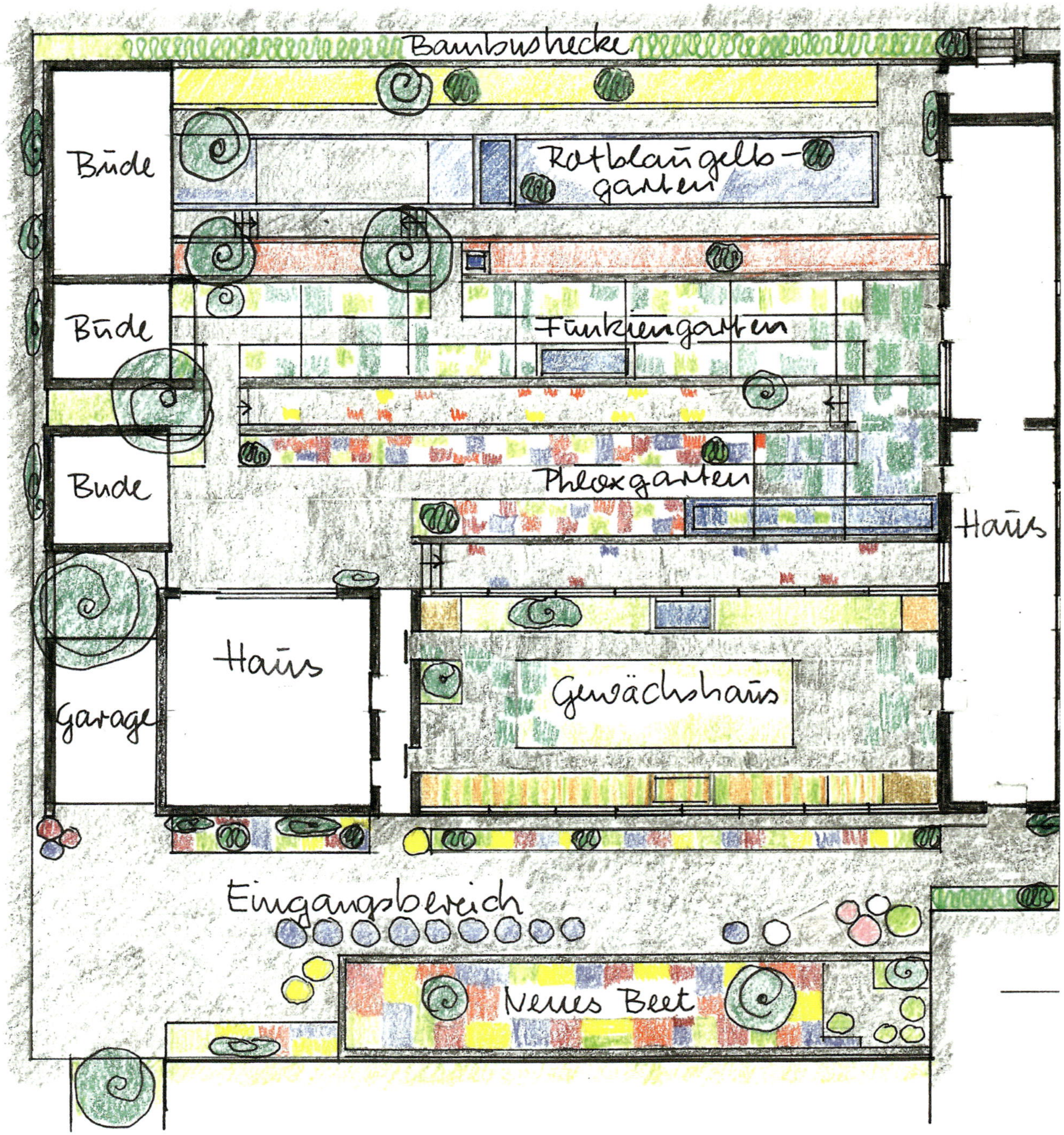
Bambushecke
Bude
Rotblaugelb-garten
Bude
Funkiengarten
Bude
Phloxgarten
Haus
Haus
Garage
Gewächshaus
Eingangsbereich
Neues Beet

Obst- und Gemüsegarten
Nordbeet
0 1 2 3 4 5 6 7

Gewächshaus | Das Gewächshaus hat, wie das früher so war, eine Einfachverglasung und eine altertümliche Lüftungsanlage, die von Hand bedient werden muss. Klappfenster können damit geöffnet oder geschlossen werden. Auch wenn diese weit offen stehen, herrschen dort im Sommer bei Sonnenschein sehr hohe Temperaturen. Auf eine Schattierung von außen haben wir trotzdem verzichtet. Die früher verwendeten, aufrollbaren Stoffbahnen zur Schattierung sind uns in der Handhabung zu schwer. Das damals übliche Besprühen der Glasscheiben mit Schattierungsfarbe im Frühling scheuen wir; denn es ist zwangsläufig mit einer mühsamen Säuberung im Herbst verbunden. Allerdings überlegen wir, die Zahl der Lüftungsfenster zu erhöhen.

Um Energie zu sparen, akzeptieren wir im Winter ein Absinken der Temperatur auf knapp unter 5 Grad Celsius. Dann erst springt ein Warmluftgebläse an, das mit der Gasheizung des Hauses verbunden ist. Im Herbst wird das Glashaus zur Verbesserung der Dämmung von außen mit einer Noppenfolie eingehüllt. Zwei Pflanzenleuchten gleichen den Lichtverlust aus und tragen so zur Stabilisierung der Pflanzen bei. Dennoch begrenzt die niedrige Temperatur unbarmherzig das Pflanzenangebot. Chinesischer Roseneibisch und die empfindlichen essbaren Passionsblumen beispielsweise sind bei so niedrigen Temperaturen nicht zu halten. Auch die heißen Sommertemperaturen stellen einen gnadenlosen Begrenzungsfaktor dar. Töpfe und Kübelpflanzen können nach draußen flüchten, aber alle ausgepflanzten Gewächse müssen sie aushalten können.

Rose »Maréchal Niel«

Weinrebe »Muscat Hamburg«

Das Gewächshaus dient uns auch als Aufenthaltsbereich. Besonders im Frühling nach den Eisheiligen, bei kühler Witterung im Sommer und im Herbst sitzen wir dort gern zu den Mahlzeiten. Es soll deshalb nicht nur Werk- und Durchgangsraum sein, sondern auch eine angenehme Atmosphäre bieten. Der dem Wohnhaus zugeordnete Sitzplatz wird von blühenden Kübelpflanzen umrahmt. Die nicht winterharte traditionsreiche Rose »Maréchal Niel« bedeckt von innen beinahe die Hälfte des Gewächshausdaches und erfreut das Auge im April mit Hunderten von Blüten. Eine Passionsblume, die das Gewächshaus offenbar schon vor unserem Einzug erobert hatte, bedeckt im Sommer die dann leeren Topfstellagen mit dichten Laubwerk und vielen Blüten. Später verteilt sie großzügig ihre aufgeblasen wirkenden, wattigen Früchte. Im lichtarmen Winter sorgen im Kurztag blühende hohe Salbeiarten, asiatische Buddlejen und Kamelien beim täglichen Durchqueren des Gewächshauses für eine Aufheiterung der tendenziell depressiv gestimmten Gemüter.

Daneben hat das Haus drei gärtnerische Aufgaben zu erfüllen: Erstens werden in ihm die frostempfindlichen Kübel und Wasserpflanzen überwintert. In jedem Herbst müssen wir uns gegenseitig als Zuchtmeister überbieten und strenge Auslese treffen, welchen Pflanzen wir das Winterquartier zugestehen und welche wir dem Wintertod ausliefern. Am Anfang haben wir freudig alles aufgenommen, was uns von Freunden und Bekannten als Mitbringsel überreicht wurde. Es entstand der übliche Raritäten-Kramladen. Inzwischen beschränken wir uns bei den Kübelpflanzen im Wesentlichen auf Oleander, Citruspflanzen, Agapanthus und Salvien.

Die zweite Aufgabe ist die Anzucht von Sommerblumen und Gemüse im zeitigen Frühling aus Saatgut oder Stecklingen. Ein mit einem Heizkabel versehenes Wärmebeet, über dem auch eine Pflanzenleuchte schwebt, hilft bei der Keimung und Bewurzelung. Die Keimlinge sind niedlich und klein, aber wenn sie sich nach dem Pikieren in den Töpfen breit machen, wird es eng und oft entsteht nach den Eisheiligen die Frage: »Wohin mit dem ganzen Zauber?« Eine Mäßigung am Anfang wäre vernünftig, aber sie ist nur schwer zu erreichen.

Die dritte Aufgabe schließlich ist die Nutzpflanzenkultur. Tomaten, Salatgurken, Melonen und Paprika lieben die Hitze, wenn sie nur genug Wasser bekommen. Tafelwein in rot und weiß (»Muscat Alexandria« und »Muscat Hamburg«) beschert üppige Erträge. Und ein Feigenbaum spendet uns in zwei lang andauernden Schüben im Sommer seine saftigen süßen Früchte.

Salvia gravida und Primula malacoides

Innerer Garten | Die drei ehemaligen Gewächshausbereiche im inneren Garten ergeben wie von selbst unterschiedliche Gartenräume mit jeweils eigenem Charakter. Während im Frühjahr noch überall einheitlich Crocus tommasinianus blühen, bilden sich die Unterschiede bis zum Herbst immer stärker heraus, um im Winter wieder zugunsten eines einheitlichen Bildes mit einigen ruhig und fest sitzenden Buchsbaumbüschen zurückzutreten. Um möglichst vielen Blütenpflanzen Platz zu bieten, haben wir hier auf Rasenteppiche verzichtet. Die Buchsbaumbüsche haben zusammen mit den Terrakotten und den Möbeln im Winter auch die Aufgabe, dem Auge einen freundlichen Halt zu geben.

Gemeinsam sind den drei Teilräumen die langen, schmalen Parallelwege, die nur an wenigen Stellen durch Querverbindungen oder Treppenstufen miteinander verknüpft sind. Als problematisch hat sich die Erhaltung der ehemaligen Schöpfbecken der Gewächshäuser erwiesen. Sie waren plötzlich Witterungsverhältnissen ausgesetzt, für die sie nicht gebaut waren. Schon nach kurzer Zeit zeigten sie Frostrisse. Deshalb haben zwei davon eine Abdeckung mit frostharten Fliesen erhalten. Außerdem müssen die Becken im Winter leer gepumpt und mit Holzbohlen abgedeckt werden. Dadurch leidet der optische Eindruck. Weil oft noch Reparaturarbeiten durchgeführt werden müssen, kann sich die Zeit bis zum Füllen der Becken im Frühjahr unangenehm hinziehen.

Phloxgarten | Den östlichen Bereich nennen wir »Phloxgarten«. In ihm liegen zwei viel benutzte Sitzplätze, einer am Wohnhaus und einer am Schlafhaus. Der erste wird durch eine Glyzinienlaube beschattet, die einige der alten Gewächshausträger als Rankhilfe nutzt. Er grenzt an ein langgestrecktes Wasserbecken. Da die westliche Seitenwand des alten Gewächshauses aus Klarglas besteht, kann man von hier aus auch ins Gewächshaus hineinblicken. Der zweite, größere Sitzplatz am Schlafhaus mit Abendsonne verfügt über eine Schatten spendende Markise. Er bietet den notwendigen Raum für kleine sommerliche Kulturveranstaltungen. Die tief liegende ehemalige Gewächshausfläche mit dem Mittelweg aus Beton wird von zwei höher liegenden ehemaligen Bedienungswegen aus Kupferschlackesteinen begleitet. Man kann diesen Garten also auf verschiedenen Ebenen durchschreiten. Er hat Zugänge vom Wohnhaus und vom Schlafhaus und außerdem eine Pforte nach draußen. Auf dem westlichen Weg steht ein Pfirsichbaum. Über dem Dach des Schuppens wölbt sich die Krone einer Zwetschge und hinter der Pforte nach draußen grüßt eine Süßkirsche. An seinem Giebel wachsen Waldreben (Clematis viticella, Art und »Abundance« sowie C. Hybride »Warszawska Nike«). Am Schlafhaus rankt ein Jelängerjelieber (Lonicera caprifolium), der an Sommerabenden den ganzen Sitzplatz mit seinem romantischen Blütenduft einhüllt. Seit 2012 schiebt sich beim Blick nach Süden der Neubau eines Doppelhauses ins Bild.

Die beiden Beetflächen seitlich des Betonweges lagen früher unter den Topfstellagen. Beinahe hundert Jahre lang wurden dort Topfreste, Steine, Schlacke und anderes unbrauchbares Material hingeworfen. Mutterboden war nicht mehr zu finden. Aber mit etwas Bodenaustausch und Kompostgaben hat sich im Laufe der Jahre doch ein brauchbarer Untergrund für Pflanzenwachstum herausgebildet. Die im Winter beherrschenden Buchsbaumbüsche verschwinden im Laufe des Sommers unter Sommerblumen, Stauden und Gräsern. Besondere Schwerpunkte bilden im Frühjahr lilienblütige Tulpen (»Pink Star«) und Allium (»Purple Sensation«), im Sommer Phloxe in vielen Farben, davor Staudenmohn, danach Präriekerzen (Gaura lindheimeri), Pfeifengras (Molinia arundinacea »Transparent« und M. caerulea »Karl Foerster«) sowie Herbstastern.

Das Regenwasser von Gewächs- und Schlafhaus läuft über ein Rohr in das lange Wasserbecken, in dem im Sommer Seerosen schwimmen. Die vordere Betonkante haben wir mit einem schützenden Band aus blauen Fliesen abgedeckt. Diese blaue Linie wird durch eine parallele Blumentopfreihe auf der ehemaligen Randmauer des Gewächshauses unterstrichen, die im Frühjahr mit blauen Stiefmütterchen, im Sommer von Jahr zu Jahr variierend mit blauen Sommerblumen (Leberbalsam, Gaura, Heliotrop oder Lobelien) und neuerdings im Winter

Glyzinienlaube

mit violetter Englischer Heide (Erica x delayensis) bepflanzt sind. Auch die Glyzinie beteiligt sich an dem blau-violetten Schauspiel.

Die übrigen Abschnitte der begrenzenden Mauern sind im Sommer dicht mit kleineren Topf- und Kübelpflanzen, vor allem verschiedenen Salbeiarten, besetzt. Die daneben verlaufenden ehemaligen Bedienungswege sind sparsam bepflanzt. Einzelne Kupferschlackesteine wurden dafür herausgenommen. Auf dem östlichen Weg wachsen im Frühjahr Küchenschellen und Teppichstauden, später schieben an der Glaswand zum alten Gewächshaus Stockrosen ihre Blütenschäfte nach oben und spenden den dahinterstehenden Tomaten lindernden Schatten. Im westlichen Weg haben sich Zypressenwolfsmilch und Kartäusernelke die Ritzen zwischen den Steinen erobert. Das südlichste, zwischen zwei Gartenhäuschen verlaufende Stück dieses Weges haben wir aufgelöst, in eine Farnschlucht verwandelt und an der Grundstücksgrenze mit einem Stück Zaun aus alten Fenstersprossen verschlossen.

Funkiengarten | Der mittlere Garten wird durch zwei hüfthohe verputzte Mauern mit einer hässlichen, zerborstenen Oberfläche eingefasst. Er verfügt nur über einen kleinen Sitzplatz direkt vor dem Küchenbereich. Die giebelartigen Hauptträger dieses ehemaligen Gewächshauses haben wir alle erhalten, um sie als Rankhilfen für Rosen und Brombeeren verwenden zu können. Bei den Rosen haben wir uns für duftende, überwiegend nur einmal, aber dann überwältigend reich blühende Sorten (»Bobby James«, »Gruß an Zabern«, »Lukkefund«, »Kifts Gate«, »Mühle Hermsdorf«, »Sea Gull«, »Madame Plantier«) und wenige öfter blühende Sorten (»Generous Gardener«, »Smarty« und »New Dawn«) entschieden.

Wie beim Phloxgarten besteht der Mittelweg aus gegossenem Beton. Ebenso musste in den seitlichen Pflanzflächen, über denen sich vorher die Topfstellagen befanden, erst so etwas Ähnliches wie Mutterboden entwickelt werden. Sie werden im zeitigen Frühjahr vor allem von Lenzrosen (Helleborus orientalis), Krokussen (Crocus tommasinianus) und Blausternchen (Scilla siberica), anschließend von der lilienblütigen Tulpe »White Triumphator« und der Triandrus-Narzisse »Thalia« bestimmt. Den Höhepunkt aber bilden zusammen mit Fingerhut Funkien, die deshalb dem Garten auch seinen Namen geben. Ein großer Königsfarn (Osmunda regalis), weißblühende orientalische Lilien (»Casablanca«) und Krötenlilien (Tricyrtis hirta) setzen besondere Akzente.

Neues Spalier

Im Schuppen am Ende des Betonweges sind die Gartengeräte untergebracht. Es hat für das tägliche Tun im Garten eine zentrale Bedeutung. Das ungefähr in der Mitte des Gartens seitlich des Weges stehende Wasserbecken wird vor allem zum Gießen, gelegentlich auch als Tauchbecken genutzt.

Am Anfang haben wir die hässlichen Mauern mit Efeu bepflanzt. Er bedeckte schnell die Maueroberflächen, verlieh dem Garten ganzjährig einen dunkelgrünen verwunschenen Charakter und kontrastierte perfekt mit dem überwiegend weißen Blüten und hellen Blättern der übrigen Gewächse. Aber in der Erde nutzte er schamlos den Vorteil ganzjährigen Wachstums aus und brachte alle anderen Mitglieder der Pflanzengemeinschaft in arge Bedrängnis. Vor allem die Rankrosen stellten ihr Wachstum ein, aber auch die Brombeeren waren beleidigt. Wir entschieden deshalb vor zwei Jahren, den Efeu vollständig zu beseitigen. Stattdessen brachten wir an den Mauern ein einheitliches Spalier an und besetzten dieses mit roten, gelben und schwarzen Johannisbeeren, mit verschiedenen Stachelbeerensorten, Apfelbeere (Aronia melanocarpa) und Sibirischer Blaubeere (Lonicera kamtschatica). Vielleicht entsteht daraus ein gern besuchter Naschgarten.

Küchensitzplatz

Rotblaugelbgarten | Während die beiden mittleren der abgebauten Gewächshäuser nur etwa drei Meter breit waren, hatte das westlich anschließende (wie das alte, erhalten gebliebene Gewächshaus) wieder eine Breite von ungefähr sechs Metern. Es war von zwei Wegen erschlossen, die sich am Anfang und am Ende miteinander verbanden. Es gab in diesem Gewächshaus keine Stellagen, sondern erhöhte Bankbeete, ein breites mittleres und zwei schmale seitliche, in denen die Kulturpflanzen wuchsen.

Wir haben uns hier für ein rotes, ein blaues und ein gelbes Beet entschieden. Die Blütenfarbe der Pflanzenarten bestimmt ihre Zuordnung. Weiß ist allerdings in allen Beeten zugelassen. Überhaupt wird die Farbsortierung nicht wirklich streng gehandhabt. Beispielsweise blühen die blauvioletten Wildkrokusse im Frühjahr überall und die sich selbst aussäenden Pflanzen werden großherzig geduldet, wenn sie sich verlaufen haben. Aber die Grundentscheidung gilt unverändert. Wir haben uns in gewisser Weise sogar noch Fesseln angelegt: Weil sich die Begrenzungsmauern der Hochbeete unter der Frosteinwirkung aufzulösen begannen, haben wir sie mit farbigen, frostharten Fliesen abgedeckt: rot beim roten, blau beim blauen und gelb beim gelben Beet.

Oberer Sitzplatz

Die Sortierung der Pflanzen nach Blütenfarbe hat sich als eine nicht leicht zu lösende Herausforderung erwiesen. Das hat vermutlich vor allem zwei Gründe. Erstens haben wir am Anfang in diesem Gartenteil sehr viele Blumenzwiebeln (Glockenscilla, Krokusse, Narzissen, Scheinscilla, Traubenhyazinthen und Tulpen) versenkt. Diese verschenken aber nicht nur ihre frühe Blütenfülle, sondern wollen danach mit ihren üppigen Blättern in kurzer Zeit viel Kraft für das nächste Jahr sammeln. Sie nehmen dabei wenig Rücksicht auf andere Pflanzenarten, Eisenhut oder Diptam beispielsweise, die als Stauden einen ganzen Sommer über Zeit zum Wachsen, Blühen und Fruchten haben. Mit ihren zarten Austrieben finden sie im dichten Kraut der Zwiebelblumen manchmal nicht den Weg zum Licht.

Der zweite Grund ist unsere Liebe zu einjährigen Pflanzenarten wie Eisenkraut (Verbena bonariensis) oder Buntschopf-Salbei (Salvia viridis), zu zweijährigen Arten wie Vergissmeinnicht (Myosotis sylvatica), Silbertaler (Lunaria annua) und Fingerhut (Digitalis purpurea), zu Wanderern wie Akelei (Aquilegiia caerulea), Jakobsleiter (Polemonium caeruleum), pfirsichblättriger Glockenblume (Campanula persicifolia) oder Spornblume (Centranthus ruber) und zu einfach blühenden Dahlien (Bishop-Serie). Sie alle sollen neben den üblichen Stauden in diesem Garten Platz finden und da wird es schwierig, durchgehend ein gutes Erscheinungsbild zu erreichen. Großartig sieht dieser Garten im frühen Herbst aus, wenn alles, was in dieser Zeit blühen will, sich vielstimmig und jubelnd entfaltet und nicht mehr erkennbar ist, ob das nun gärtnerisch gesteuerte oder wilde Natur ist, die sich in einem gewaltigen Finale mit Dahlien, fetten Hennen, Astern, Eisenhüten, Salbei, Sonnenbräuten, Sonnenhüten, Sonnenaugen, Mädchenaugen und Goldruten von

der Sommerbühne verabschiedet. Zu diesem Ungestüm tragen Blumen bei, die durch Selbstaussaat aus den Ritzen zwischen den Plattenbelägen herauswachsen. Wären da nicht die schnurgeraden Wege und der große Sitzplatz, könnten wir leicht den Durch- und Überblick verlieren.

Im Gartenhaus am Südende waren bis vor wenigen Jahren Zwerghühner untergebracht. Davor befand sich eine Voliere, die den Hühnern als Auslauf diente. Als in unmittelbarer Nachbarschaft die neuen Wohnhäuser entstanden, entschieden wir uns dafür, die Hühnerhaltung zu beenden; denn Hühner ohne Hahn sind nicht das Wahre und Hähne krähen nach dem Wochenendverständnis der meisten Menschen mitten in der Nacht. Es war ein vorauseilender Akt der Nachbarfürsorge. Anstelle der Voliere legten wir auf dem Niveau des blauen Beetes einen Sitzplatz an, auf dem auch eine größere Zahl von Gästen Platz finden und erhöht sitzend den Garten genießen kann.

Auch hier hocken wie im Phloxgarten einige große Buchsbaumbüsche. Im roten Beet stehen ein Apfelbaum (Goldparmäne) und seit der Umgestaltung des Hühnergeheges eine Tokiokirsche (Prunus yedoesis). Um für den Sitzplatz eine bessere Schattierung zu erreichen, haben wir an seine südwestliche Begrenzung eine Myrobalana (Prunus cerasifera) gepflanzt. An der Nordseite des ehemaligen Hühnerstalls ranken zwei Waldreben (Clematis alpina »Frances Rivis« und C. viticella »Alba Luxurians«). Im gelben Beet entwickelt sich beim Sitzplatz langsam, aber stetig eine Sternmagnolie (Magnolia stellata). Am Wohnhaus wächst als Spalier eine Aprikose. Die Westgrenze wird durch eine oberhalb des gelben Beetes stehende Bambushecke (überwiegend Pseudosasa japonica) gebildet. Auf der Ostseite blieb eine breite Regenrinne erhalten, die früher das von den Gewächshäusern ablaufende Wasser auffing. Sie nimmt einen Teil des Wassers vom Dach des Wohnhauses auf und lässt dieses in einen Regenwassertopf aus Kupferschlackesteinen fließen.

Obst- und Gemüsegarten | Auf der Nordseite haben wir im Bereich ehemaliger Frühbeetkästen etwa 400 qm als Grabeland hinzugepachtet. Es setzt sich aus drei Feldern zusammen, die durch niedrige, ziemlich wild wachsende Buchsbaumhecken begrenzt sind: einer Beetfläche, einer Obstwiese und einem Beerenfeld mit Kompostplatz. Nach Osten ist der Garten gegen die benachbarte mehrgeschossige Wohnbebauung durch eine Strauchpflanzung aus Wildgehölzen abgeschirmt, die schon vor der Pachtung vorhanden war. Nach Norden und nach Westen schließt sich Betriebsgelände der Stadt an. An diesen beiden Seiten haben wir neu einen Holzzaun gezogen. Die Zaunfelder sind mit Abstand gesetzt, die Lücken gegen Kaninchen mit Drahtgeflecht verschlossen. In diesen Lücken wachsen Rosen.

Die Beetfläche wird durch einen Rasenweg geteilt. Sie verfügt über einen Frühbeetkasten und ein mobiles Flugdach für Tomaten. Am Nordende stehen eine Birnenquitte (»Berecziquitte«) und ein Pfirsichbaum, ein Sämling mit kleinen aromatischen Früchten, dessen Mutter in einem Innenhof in Braunschweig wohnt. Außerdem wächst dort ein großer Busch Chinaschilf (Miscanthus sinensis). Da auch der Gemüsegarten ein angenehmes Bild ergeben soll, haben wir ihn durch heckenartige, teils feste, teils mobile Blumenbänder (Phloxe, Pfingstrosen, Sommerblumen) gegliedert. An seinen Rändern

wachsen im Sommer Stockrosen, Sonnenblumen und andere Sommerblumen. Die dazwischenliegenden Flächen werden für dauerhafte (Rhabarber, Küchenkräuter) oder jährlich wechselnde (Kartoffeln, Zwiebeln, Erbsen, Bohnen) Kulturen genutzt.

In der Obstwiese stehen – von uns gepflanzt – zwei Apfelbäume (»Berlepsch« und »James Grieve«), eine Hauszwetschge, ein Mirabellenbaum (»Nancy-Mirabelle«), eine Reneklode (»Große Grüne Reneklode«) und ein aus dem Kern gezogenes Aprikosenbäumchen. Die älteren sind mittlerweile so stabil, dass im Sommer zwischen zwei Bäume eine Hängematte gespannt werden kann. Manchmal liegen wir sogar drin. In der Wiese wuchsen, als wir sie anlegten, gleich im ersten Jahr so viele Margeriten, dass wir uns nicht entschließen konnten, sie dem Rasenmäher zu opfern. Seitdem lassen wir sie wachsen, bis die schönen Wucherblumen ihre Saatkörner verstreut haben. Dann wird das lange Kraut mit der Sense gemäht und erst danach kommt der Rasenmäher zum Einsatz. Im Herbst sieht die Fläche fast wie ein Rasen aus. Im Frühjahr erfreuen Krokusse (Crocus tommasinianus), Schneeglöckchen (Galanthus nivalis) und Schneeglanz (Chionodoxa luciliae) die nach Farben hungernden Augen.

Das Beerenfeld wird von Himbeeren beherrscht. Sie sind unserer Meinung nach die am besten schmeckende Beerenart und haben außerdem noch die freundliche Eigenschaft, nicht alle gleichzeitig zu reifen. Wir pflanzten sowohl einmal als auch zweimal tragende Sorten (»Meeker«, »Korbfüller«, »Autumn Bliss«). Außerdem stehen in diesem Bereich noch eine Schwarze Johannisbeere (»Titania«), eine rote Johannisbeere (»Heinemanns Rote Spätlese«), eine Stachelbeere (»Hänings Früheste«), eine Taybeere und eine Jostabeere. Einen starken Blickfang bildet eine Mispel (Mespilus germanicus). Man soll sie essen können.

Im Laufe der Jahre hat der Kompostplatz einen Untergrund aus Betonplatten erhalten. Die Arbeit mit der Schaufel wird dadurch wesentlich erleichtert. Er bietet Raum für drei große Haufen. Auch verschiedene Erden können dort gelagert werden. Am Rande des Komposts wächst ein Holunder mit besonders großen Beeren, die von den Vögeln sehr gern geerntet werden. Manchmal bekommen wir auch noch einen Teller Holunderbeerensuppe ab. In diesem Bereich lassen wir auch Brennnesseln wachsen, um daraus frischen Sud oder Jauche herstellen zu können.

Entree und Außenränder | Die Flächen um die Gewächshäuser waren, als wir die Gärtnerei kauften, asphaltiert. Wir haben diesen schon leicht verwitterten Asphalt im Einfahrt- und Eingangsbereich erhalten. Er markiert die Grenze unseres Grundstücks zu den anschließenden neuen Gemeinschaftsflächen aus Betonpflaster. Allerdings haben wir den Leitungsgraben zu unserem Haus nach Beendigung der Bauarbeiten mit Material der Baustelle gepflastert. Der Pflasterstreifen schmückt den Vorplatz nun wie ein Ordensband, das an frühere Zeiten erinnert. Vorm Schlafhaus ist ein Beet entstanden, in dem eine die Hauswand bedeckende Schattenmorelle wächst. Daneben spielt eine gelbe Waldrebe (Clematis tangutica »Aureolin«) mit ihrer abwechslungsreichen Garderobe die Empfangsdame. Zwei neu gepflanzte Hortensien (Hydrangea paniculata »White Diamond« und H. macrophylla »Red Angel«) sollen sie bei ihrer Arbeit unterstützen. Ansonsten stimmen das Beet und sein Pendant auf der anderen Seite sowie ein parallel zum alten Gewächshaus verlaufendes langes schmales Beet – einer Ouvertüre vergleichbar – auf das ein, was im inneren Garten geboten wird. Auf dem Pendant wird ein Birnenspalier ausprobiert, im langen Beet grüßen im Frühjahr Narzissen, Tulpen, Zierlauch und weiße Silbertaler (Lunaria annua). Buchsbaumbüsche und Horste von Pfeifengras (Molinia caerulea »Moorhexe«) rhythmisieren das lange Band. Bis in den Herbst hinein dreht später die Kompanie »Tänzerinnen im Garten« (Gaura lindheimeri) dort ihre Pirouetten. Der lange Weg zur Haustür wird nach den Eisheiligen mit großen Kübelpflanzen besetzt. Dabei weisen die aufgereihten Agapanthus-Kübel bereits unübersehbar darauf hin, dass in unserem Garten die langen Fluchten eine große Rolle spielen. Direkt am Hauseingang wedelt ein hoher Bambus, eine Kletterhortensie (Hydragea petiolaris) müht sich tapfer an der Hauswand und einige Strauchrosen (Rosa hugonis, R. »Aicha«, R. »Marguerite Hilling« und R. »Pleine de Grace«) fügen sich zu einem kleinen Rosenhaag zusammen.

Hinter der Kübelgalerie liegt ein ehemaliges breites Frühbeet, das bis vor kurzem von einem befreundeten Nachbarn, Ingo Jockusch, auch ein leidenschaftlicher Gärtner, gepflegt wurde. Er mochte es bunt und seine besondere Spezialität war, im

EXPO-2000-Weinrebe »Carignan Rouge«
vom Französischen Pavillon

Herbst oder im zeitigen Frühjahr mit lockerer Hand Saatkörner von Schlafmohn, Klatschmohn und Sommerrittersporn zu verteilen und so zusammen mit den Stauden im Frühsommer eine unglaubliche Farbenpracht zu erzielen. Vor kurzem ist er weggezogen und wir müssen uns nun selbst überlegen, wie wir mit »Ingos Beet« in Zukunft umgehen wollen. Vorsorglich haben wir schon mal zwei Obstbäume gepflanzt, eine Hauszwetschge und einen Apfel »Holsteiner Cox«.

Bevor die neue Siedlung entstand, hatten wir auf dem benachbarten Gelände eine Garage gemietet. Sie wurde abgerissen, und wir mussten direkt am Schlafhaus etwas Neues bauen. Wir wollten an die Gewächshausarchitektur anknüpfen, und so ist dort mit planerischer Unterstützung unsres Sohnes Julius ein Gebäude mit Glasdach und Glasgiebel entstanden, das wir vor allem als Fahrradgarage nutzen. Einen besonderen Effekt bietet an der Giebelseite (siehe Foto auf dem Buchumschlag vorn) eine stabilisierende Regalkonstruktion, die im Sommer für Blumen genutzt werden kann. Dazu werden dann einige Glasscheiben herausgenommen und Sommerblumen in Töpfen strecken ihre Blütenschöpfe aus dem Haus: Hängepelargonien, Heliotrop und Duftsteinrich (Lobularia maritima) zum Beispiel.

An den nach Süden ausgerichteten Außengiebeln der drei Gartenhäuschen stehen zwei Weinstöcke: eine Erinnerungspflanze an den Französischen Pavillon auf der Weltausstellung EXPO 2000 in Hannover (»Carignan Rouge«) und die kleine weiße Weintraube »New York«, außerdem ein Pfirsichbäumchen (»Rekord aus Alfter«) als Spalier und die besonders früh blühende, duftende Rankrose »Schloss Seußlitz«. Die Bambushecke an der Westgrenze schirmt den Garten gegen einen direkt daneben verlaufenden privaten Fahrweg ab. Über ihr bleibt die Baumkulisse des benachbarten Friedhofs von allen Sitzplätzen aus sichtbar.

Der Keller des Arbeitshauses musste freigegraben und von außen abgedichtet werden. Dabei kamen auf der Nordseite viele alte Ziegelsteine und Schlacke von der früheren Koksheizung zum Vorschein. Mit den Ziegelsteinen und anderen, auf dem Gelände vorhandenen Materialien bauten wir einen neuen Weg und schichteten die großen Schlackebrocken als Erinnerung an die eigene Gärtnerlehre zu einem Gedächtnismäuerchen auf. Jeden Abend musste damals in den 1950er Jahren die glühende Koksschlacke aus dem Heizungskessel herausgeholt werden.

Zwischen Weg und Hauswand entstand das etwa einen Meter breite so genannte Nordbeet, in dem vor allem verschiedene Farne, Silberkerzen und Funkien stehen. Die Hauswand des Steinhauses haben die einjährigen Glockenreben für sich als

Gedächtnismäuerchen aus Koksschlacke

idealen Lebensraum entdeckt. An der Küchenwand hat sich der empfindliche buntlaubige Strahlengriffel (Actinidia kolomikta) etabliert. Wenn er unter unseren Klimaverhältnissen an einer Südwand stehen würde, ließe er sich leicht schon durch die ersten Sonnenstrahlen zum Austrieb verführen und würde dann ganz gewiss von den Spätfrösten erwischt werden. Hier aber an der Nordwand bekommt ihm das asketische Leben.

Die skizzierte Struktur des Gartens stellt den gegenwärtigen Zustand dar. Aus der Beschreibung ist schon deutlich geworden, dass es in den vergangenen Jahren immer wieder Änderungen und Ergänzungen gegeben hat. Das wird auch in Zukunft so weiter gehen. Ein Garten lebt, entwickelt sich in Richtungen, die nicht vorauszusehen sind. Pflanzen wachsen und sterben, andere tauchen auf, gefallen oder halten nicht das, was wir Gärtner uns von ihnen erhoffen. Der Verfall der Bausubstanz schreitet unaufhaltsam voran. Wir selbst ändern uns und mit uns wird sich auch der Garten wandeln. Aber wir stellen doch dankbar fest, dass sich die in planender Vorausschau entstandene Grundstruktur bewährt hat. In dieser kann sich die Vielfalt der Pflanzen, durch unsere Wünsche und Vorstellungen gesteuert, immer wieder neu und anders entfalten.

Jahresablauf und besondere Facetten unseres Gartenlebens

Unser Garten verhält sich dynamisch, bleibt vielleicht derselbe, aber nie der gleiche. Er stellt sich im Januar völlig anders dar als im Juli und im März anders als im September. Er spiegelt die Jahreszeiten und erzählt von den Folgen des astronomischen Laufs der Erde um die Sonne. Er lehrt uns zu akzeptieren, dass nichts als dauerhaft anzusehen ist und nichts sich identisch wiederholt. Er führt uns täglich die Wunder der Natur vor Augen und lässt uns daran teilhaben. Er spricht vom Werden und Vergehen und erinnert uns an unsere eigene Vergänglichkeit, lässt jedem Sterben eine Wiederauferstehung folgen. Er hält sich an nur wenige bestimmende Gesetze und Regeln und verfügt doch über ein Höchstmaß an Entfaltungsmöglichkeiten. Er stellt sich als Gleichnis und Bild dar und erleichtert uns so, das Leben zu verstehen. Er lädt uns ein, in ihm mit anderen gemeinsam zu verweilen oder das Alleinsein zu genießen. Er fordert uns auf, alle unsere Sinne zu gebrauchen, nicht nur die Augen, sondern auch die Nase, das Ohr, die Zunge und den Tastsinn. Er bittet um Geduld und stürmt doch manchmal selbst nach vorn. Er bietet abwechslungsreiche Bewegung und stillen Aufenthalt, Aufregung und Entspannung. Er stellt sich bereitwillig als Bühne zur Verfügung. Er wünscht sich aufmerksame und verlässliche Zuwendung. Er verweigert sich festen Erwartungen, beschert uns reiche Ernte oder lässt uns gelegentlich mit leeren Händen stehen. Er beschenkt uns mit Schönheit und ermutigt uns, in unserem Streben nach ästhetischer Vollkommenheit nicht nachzulassen. Er warnt uns vor einer Zerstörung der natürlichen Umwelt und zeigt uns Wege zu einem weniger ausbeuterischen Verhalten. Er ist ein wichtiger Teil unseres Lebens, beeinflusst unser Denken und Handeln, auch wenn wir nicht im Garten sind.

Im monatlichen Rhythmus beschreiben wir im Folgenden, wie sich der Garten übers Jahr 2014 verändert hat und wie wir ihn erlebten. Mit lockerer Hand fügen wir jedem Monat eine besondere Facette unseres Gartenlebens hinzu.

Februar (blühend Crocus tommasinianus, abgestorbene Bulte von Pennisetum compressum und trockene Fruchtstände von Rudbeckia triloba)

April (blühend Vergissmeinnicht, weiße Silbertaler und Lilienblütige Tulpe »Westpoint«)

Juni (blühend Rosen »Schneewittchen« und im Hintergrund »Bobby James« , Salvia nemorosa »Adrian«, Campanula poscharskyana)

Juli (Silbertaler und blühend Salbei »Mystic Spire«, Kugeldistel »Veitch's Blue«, Sonnenhut »Goldsturm« und Allium flavum.)

Oktober (blühend Duftsteinrich, Salbei »Mystic Spire« und Dahlie »Bishop of Leicester«)

November (blühend Lobularia, Salbei »Amistad«)

Januar | Ist Januar ein Gartenmonat? Nein und ja! Nein, weil gärtnerisch kaum etwas geschieht. Wir könnten einiges tun, sind aber nicht wirklich motiviert. Wir warten darauf, dass sich Druck aufbaut.

Freilich sind wir nicht völlig untätig. Wenn sich die Bambushecke unter der Last feuchten Schnees zu sehr verneigt, muss sie geschüttelt werden. Empfindliche Rosen müssen vielleicht noch etwas dicker mit Nadelreisig abgedeckt werden, weil harter Kahlfrost droht. Im Gewächshaus sind die zur Überwinterung eingeräumten Topf- und Kübelpflanzen hin und wieder zu kontrollieren, ob sie vielleicht zu trocken stehen oder ob sich Blattläuse oder Pilze breit machen. Auch das Winterbild draußen will immer wieder kritisch betrachtet werden; denn selbst jetzt soll der Garten malerisch reizvoll sein. Die aufrecht stehenden, trockenen Triebe und Samenstände der Sonnenhüte (Echinacea purpurea), der Funkien (Hosta sieboldiana elegans), der Herbstanemonen (Anemone tomentosa robustissima), des Strandflieders (Limonium latifolium), der Fetten Hennen (Sedum spectabile), der Gräser und vieler anderer das Auge erfreuender Trockengestalten sollen ihm eine zwar morbide, aber eben doch geordnete Struktur verleihen und an die sommerliche Pflanzenvielfalt erinnern. Nur wenn der Schnee beispielsweise das Pfeifengras endgültig niedergedrückt hat, dann wird es herunter geschnitten. Der Garten darf still erstarrt, aber nicht verwüstet

Obst- und Gemüsegarten

Bambushecke, überwiegend Pseudosasa japonica

Indianernessel (*Monarda fistulosa*)

aussehen. Die wenigen, geschnittenen, satt grünen Buchsbaumbüsche helfen uns dabei, nicht selbst zu erstarren.

Auch nicht Termin gebundene Arbeiten bieten sich an, wenn Wetter und Lust danach sind. Zum Beispiel lohnt es sich, die abgestorbenen Triebe von Chinaschilf (Miscanthus x giganteus) abzuschneiden, von den Blättern zu befreien und trocken zu lagern. Als »Bambusstäbe« sind sie für viele verschiedene Zwecke zu verwenden. Von der mehrfach tragenden Himbeersorte »Autumn Bliss«, können, wenn es nicht schon längst geschehen ist, alle Ruten bis auf den Boden zurückgeschnitten werden. Die Bambushecke wäre für eine Ausdünnung der Triebe sicherlich dankbar. Eigene Vitalitätsschübe lassen sich bei mildem Wetter für den Obstbaumschnitt nutzen.

Während wir aus dem Fenster blicken, wird uns bewusst, dass das Bedürfnis nach einer Pause vom Garten seine Begründung verändert. Im Dezember wird es vom Advents- und Weihnachtszauber bestimmt. Zwar verkündet Christi Geburt eine neue Zeit, in Wahrheit schließt der Dezember jedoch nur das vergangene Jahr ab. Jetzt aber geht der Blick wieder nach vorn.

Waldrebe (Clematis tangutica »Aureolin«)

Der tschechische Schriftsteller Karel Capek schreibt in seinem berühmten Buch »Das Jahr des Gärtners«, an das wir uns übrigens auch in der Struktur dieses Buches angelehnt haben, über den Januar: »... im Januar pflegt der Gärtner hauptsächlich: das Wetter.« Er wäre nur dann zufrieden, »wenn vom ersten bis zum letzten Januar 0,9 Grad unter null wären, hundertsiebenundzwanzig Millimeter Schnee (leichter und womöglich frischer Schnee), meist bewölkt, keine oder nur mäßige Westwinde. Dann wäre alles in Ordnung.« Aber in Wirklichkeit erfüllt das Wetter diese Wunschvorgabe nie, ist entweder zu warm oder zu kalt, bringt zu viel oder gar keinen Schnee, zu viel Sonne oder zu viel Niederschlag. Die Unzufriedenheit beweist jedoch, dass der Garten ins Denken zurückkehrt. Gärtnerische Themen schleichen sich wieder ein und beanspruchen planerischen Einsatz. Müssen wir uns nicht dringend zusammensetzen, um besondere Sämereien zu bestellen? Hatten wir nicht vor, die lasche dicke Eierpflaume gegen eine richtige süße Reneklode auszutauschen? Sind die Besuchstermine mit dem Kinderhort schon festgelegt? Was pflanzen wir am neu gesetzten hohen Zaun zum Nachbarn? Bei Freunden blühen angeblich schon Schneeglöckchen, sind bei uns schon welche zu sehen? Sollten wir nicht endlich mal einen Grundriss des Gemüsegartens zeichnen und die jährlichen Kulturen darin eintragen, damit nicht immer wieder die gleichen Gemüsepflanzen an dieselbe Stelle geraten? Welche baulichen Veränderungen oder Reparaturen stehen an? Ja richtig, den Sitzplatz vor dem ehemaligen Hühnerstall wollten wir doch noch etwas vergrößern. Die Pforte zum Gemüsegarten muss endlich erneuert werden. Vor dem Essplatz könnte die Aprikose im Sommer ein schma-

Salvia Hybride »Costa Rica Blue«

Zitrone (Citrus limon)

Klivie (Clivia miniata)

les Schattendach bilden, damit es im Haus nicht so heiß wird. Dazu muss so etwas wie eine Pergola gebaut werden. Das Hühnerhaus müsste von seinen Volieren befreit und in einen sinnvoll nutzbaren Lagerraum umgewandelt werden.

Das Gewächshaus beflügelt solche nach vorn gerichteten Überlegungen. Plötzlich überrascht die Clivie mit einem Blütenstand. Der dunkelblau blühende Salbei »Costa Rica Blue« (Salvia guaranitica) leuchtet geheimnisvoll auffordernd ins Gärtnerherz. Die Kamelien haben bereits dicke Knospen. Auch die Spatzen schauen schon mal vorbei und überprüfen, ob die Nistplätze zwischen Dachrinne und Blechdach noch zur Verfügung stehen. Der Grünspecht flog heute lachend übers Haus. Der Maulwurf ist nicht zu bremsen und wirft überall dicke Haufen.

Gartenbücher | Das alte Arbeitshaus ist Wohnraum und Bibliothek. Gartenbücher füllen dort zwei große, bis unter die Decke reichende Regale. Wenn der Platz mal wieder zu eng geworden ist, fragen wir uns, von welchen der Bücher wir uns trennen könnten. Da wir das schon mehrfach getan haben, wird die Ausbeute immer geringer. Viele der Bücher dienen der fachlichen Information. Wir nehmen sie in die Hand, wenn wir etwas Spezielles suchen. Einige haben für uns allerdings eine besondere Bedeutung, weil sie unsere Grundeinstellung zum Garten berühren. Merkwürdigerweise gehören die Autoren selten zur Profession der Gärtner oder Landschaftsarchitekten.

Ein schon erwähntes von diesen Büchern ist »Das Jahr des Gärtners« von Karel Capek (1890–1938). Er war zu seiner Zeit ein bekannter tschechischer Schriftsteller. Das Gärtnerbuch hat er als Laie verfasst. 1932 ist es in einer deutschen Ausgabe erschienen. Capek schreibt in dem Buch kenntnisreich und humorvoll vom Gärtnern als Leidenschaft. Man muss daraus schließen, dass er selbst einen Garten hatte. 2010 ist beim Schöffling & Co Verlag eine Neuauflage erschienen. Leider fehlen darin die schönen Zeichnungen seines Bruders Josef Capek der Erstausgabe.

»Gardens« heißt ein Buch des Literaturwissenschaftlers Robert Harrison. Der Untertitel »An Essay on the Human Condition« zeigt allerdings schon, dass es ihm darin vor allem um eine weit zurückreichende Kulturgeschichte des Menschen geht. Im Klappentext heißt es dazu: »Indem er Blumen pflanzt, Früchte erntet und Bäume stutzt, übt der Mensch die grundsätzlichen Techniken einer kultivierten Existenz ein.« Eine deutsche Übersetzung des sehr lesenswerten Buches erschien 2010 unter dem Titel »Gärten – Ein Versuch über das Wesen des Menschen« beim Carl Hanser Verlag.

Jürgen Dahl, 2001 gestorben, ist als Gartenkenner für uns so etwas Ähnliches wie Wolfram Siebeck als Küchenmeister: Unkonventionell, offen kritisch und ideenreich. Seine Gartenbeiträge in der Wochenzeitung DIE ZEIT haben wir immer gern und mit Gewinn gelesen. Sie sind mit anderen Texten unter dem Titel »Nachrichten aus dem Garten« 2008 in einer Zusammenfassung als Buch in der Manuscriptum Verlagsbuchhandlung erschienen.

Ein wunderbar nachdenkliches Buch ist »Gartengeschichten« von Eva Demski mit Bildern von Michael Sowa, 2009 veröffentlicht beim Insel Verlag. Die Geschichten handeln vor allem von Menschen, deren jeweils besondere Lebenssituation in ihren Gärten gleichnishaft gespiegelt wird. Auch die Schriftstellerin Eva Demski ist eine solche »Gärtnerin«.

Obwohl diese Geschichten sehr unterschiedliche Milieus thematisieren, wurden wir durch sie an Adalbert Stifters »Der Nachsommer« erinnert. Darin gerät der junge Heinrich Drendorf bei seinen forschenden Wanderungen durchs Gebirge auf das Landgut des Freiherrn von Risach. In den liebevollen Beschreibungen des Landgutes wird der Garten zu einem idealisierten Lebensbild.

Salina Hybride »Costa Rica Blue«

Februar | Im Februar beginnt der Gärtnerfrühling. Das Licht kehrt zurück. Die Sonne gewinnt an Kraft. Besonders stark merken wir das, wenn wir durchs Gewächshaus gehen. Plötzlich riecht es nach Erde und nach Wachstum. Die Pflanzen erwachen aus ihrer Winterstarre. Die Rose »Maréchal Niel« schiebt unterm Gewächshausdach aus den Blattachseln kleine hellgrüne Triebspitzen, die bei den Blattläusen besonders beliebt sind. Zu Ihren Füßen hat sich die im südwestlichen China heimische Fliederprimel (Primula malacoides) durch Selbstaussaat stark verbreitet. Sie lässt nun Hunderte von grünfilzigen Blütenschäften aus den Blattrosetten sprießen. Der Salbei »Costa Rica Blue« verabschiedet sich, ohne sein dunkelblaues Geheimnis wirklich gelüftet zu haben. Aber dafür entfalten zwei andere tropische Salbeiarten aus der unüberschaubar reichen Zauberwelt dieser Gattung ihre Blütenstände: Die aus der Sierra Madre in Mexiko stammende Salvia gesnerifolia schießt ihre knallroten lockeren Blütenstände wie einen Weckruf himmelwärts. Vornehm zurückhaltend und gediegen wirken dagegen die großen, nach unten hängenden, violetten Blütenschweife von Salvia gravida, auch sie eine Mexikanerin. Die hellgrünen Blätter dieser stattlichen, über zwei Meter hohen Gestalten haben einen unvergleichlich angenehmen Duft.

Mildes Wetter fördert unser eigenes Frühlingserwachen. Plötzlich soll das Gewächshaus wieder frisch aussehen. Der Putzdruck wächst. Abgestorbenes Laub stört. Das Auge verlangt nach frischen Farben. Auch wir konnten den lockenden Angeboten der Konsumwelt, dem farbenfrohen Blumengetöse zum Valentinstag, nicht widerstehen. Fünfzehn bereits blühende gelbe Primeln wan-

Flieder Primel (Primula malacoides)

Hoher roter Salbei (Salvia gesnerifolia)

Kamelie (Camellia Hybride »Nuccios Gem«)

derten in den Warenkorb. In der immer noch matten Gewächshausatmosphäre erweisen sie sich als viel zu wenig und doch viel zu laut. Aber was soll man machen? Nun stehen sie da und machen es anderen schwer, dankbar und lobend anerkannt zu werden: der zarten, nach Vanille duftende Buddleia asiatica mit ihren grau-filzigen Blättern zum Beispiel oder dem hellblau übertupften Rosmarin. Nur die Kamelien in Weiß, Rosa und Rot können aufmerksamer Blicke gewiss sein; denn sie werden ständig geräubert, um vor allem den Damen im Bekanntenkreis eine ungewöhnliche Freude zu bereiten. Kein Blumengeschäft hat das zu bieten.

Das Wärmebeet für Aussaaten und Stecklinge wird jetzt aktiviert. Die ersten Saatgefäße sind mit Saatkörnern gefüllt. Das ist ein immer wiederkehrendes Mirakel. In getrocknetem Zustand werden die Saatkörner der Erde anvertraut und schon nach wenigen Tagen regt sich ein lebendiger Spross, hebt seine zwei Keimblätter dem Licht entgegen und schickt gleichzeitig eine Wurzel in den Untergrund. Gewiss können wir heute fast alle Gartenpflanzen, meistens sogar besser aussehend, als Jungpflanzen kaufen, aber wir möchten das Wunder des erwachenden Lebens nicht versäumen. Fast immer säen wir zu viele Pflanzen aus. Schon beim Pikieren erfordert es Kraft und Mut, sich von einem großen Teil der Keimlinge zu trennen. Später fällt der Abschied noch schwerer.

Auch draußen verändert sich bei mildem Wetter fast täglich das Bild. »Alles noch ziemlich öde«, stellen die erwartungsvollen Gärtneraugen zunächst noch fest, aber nach wenigen Tagen öffnen plötzlich die Winterlinge ihre gelben Blüten, Schneeglöckchen durchstechen mit ihren kleinen spitzen Lanzen den Boden, entfalten danach sofort ihre Blüten und fangen an zu läuten. Ähnlich im Austrieb sind die verwildernden Krokusse (Crocus tommasinianus). Mit ihrem starken Vermehrungsdrang haben sie den ganzen Garten erobert. Scheint mittags die Sonne, öffnen sie die hellvioletten, spitz auslaufenden Blütenkelche ganz weit, laden mit ihren leuchtend orangenen Staubgefäßen und Stempeln die Bienen ein, sie zu besuchen. Und falls überhaupt schon Bienen in der Nähe sind, kommen sie in Schwärmen. In den letzten Jahren hat sich an den Füßen

Winterlinge (*Eranthis hiemalis*)

Zaubernuss (*Hamamelis mollis*)

Buddleia asiatica

von Glyzinie und Rankrosen ein kleiner Bestand an Frühlingscyclamen (Cyclamen coum) angesiedelt. Sie bilden die leicht schwebenden Grundtöne eines noch leisen A-Cappella-Chors. Puschkinia, Zaubernuss, Lenzrosen setzen Akzente. Auch Märzenbecher wollen schon mitsingen. Aber wenn wir die dicken Knospen der Aprikose sehen, wird uns doch mulmig. Zu oft haben wir schon erlebt, dass noch folgender Frost alle Hoffnungen auf reifende Früchte hinwegfegte. Zu oft ließen danach auch die Lenzrosen ihre Blütenstängel traurig hängen und mussten für ihren Vorwitz büßen.

Das milde Wetter erinnert auch daran, dass es höchste Zeit ist, die Obstgehölze zu schneiden. Überhaupt ist Gehölzschnitt, wenn erforderlich, jetzt noch zu erledigen; denn die Vögel fangen schon an zu quirilieren und wir wollen und dürfen sie nicht beim Nestbau stören.

Frühlingsalpenveilchen
(Cyclamen coum)

Schneeglöckchen
(Galanthus nivalis)

Frühlingsalpenveilchen
(Cyclamen coum) und Krokusse
(Crocus tommasinianus)

Berggarten Hannover Herrenhausen

Gärten sehen | Die Wintermonate sind eine Gelegenheit der Rückschau und Vorausschau, weil der Garten noch keinen großen Einsatz erfordert. Aber in unseren Köpfen ist er bereits lebendig. Wir sehen ihn vor uns, sehen seine Stärken und Schwächen, überdenken unsere eigenen Standpunkte, suchen Orientierung. Da liegt es nahe, zunächst ganz theoretisch, über den eigenen Zaun zu blicken, sich für das kommende Jahr Fahrten zu anderen Gärten vorzunehmen, sicherlich zu solchen, die wir noch nicht kennen, aber vor allem auch zu denen, die sich in der Vergangenheit immer wieder als besonders anregend erwiesen haben, die uns ins Herz gewachsen sind und von dort aus im Hintergrund unser konkretes Gartenhandeln beeinflussen.

Einer dieser Favoriten ist der Berggarten in Hannover-Herrenhausen. Er begleitet unsere Gartenleidenschaft nun schon seit fast sechzig Jahren und beherbergt unübersehbare Pflanzenschätze. In ihm können wir immer wieder studieren, wie sich Pflanzenarten in Gesellschaft benehmen, was sie im Laufe des Jahres treiben, über welches Stehvermögen und welche Ausstrahlung sie verfügen. Nicht die lauten, modischen Verlockungen des Marketings beherrschen sein Angebot in den Freianlagen, sondern professionell betreute, teilweise sehr alte, sich stetig weiter entwickelnde Pflanzungen, aber auch mutige Versuche neuer Pflanzenverwendungen wie beispielsweise in der zur EXPO 2000 entstandenen Anlage mit Stauden der Prärie. In dieser anspruchsvollen Bescheidenheit ist der Berggarten überwältigend schön und für uns ein verlässlicher Ratgeber.

Ähnliches gilt für den Schau- und Sichtungsgarten Hermannshof in Weinheim an der Bergstraße. Er liegt leider weit entfernt und wir sind schon einige Jahre nicht mehr dort gewesen. Aber wenn wir ihn besuchten, waren wir stets begeistert. Die Experimentierfreude steht dort noch stärker im Vordergrund. Sie ist so ansteckend, dass wir uns jedes Mal aufgerufen fühlten, bisher scheinbar festgefügte Vorstellungen des Umgangs mit reizvoll wachsenden, blühenden und fruchtenden Pflanzen über Bord zu werfen und mit freiem Blick neu zu denken.

Schau- und Sichtungsgarten Hermannshof in Weinheim/Bergstraße

Ein weiterer Liebling ist die Max-Liebermann-Villa am Wannsee in Berlin. Sorgfältig restauriert und verantwortungsvoll betreut, erinnert der Garten trotz seiner heutigen öffentlichen Nutzung an seine anspruchsvolle private Vergangenheit und spornt als Vorbild unsere eigenen Bemühungen an. Die Anlage begeistert als Gesamtkunstwerk, ideenreich, ländlich, zum Ort passend. Zugleich zeigt sie noch heute die zu Liebermanns Zeiten selbstverständliche Verknüpfung von Nutz- und Zierpflanzen, eine Kombination, die auch uns in der Alten Gärtnerei ein wichtiges Anliegen ist.

Auch der Staudensichtungsgarten Weihenstephan gehört zu unseren bevorzugten Reisezielen. Das gleiche gilt für die Botanischen Gärten in Berlin-Dahlem, München-Nymphenburg und Braunschweig. Wollten wir nicht schon im letzten Jahr mal wieder Bad Driburg besuchen? Und wäre nicht auch längst eine erneute Gartenreise nach England fällig? Aber der Berggarten, der Hermannshof und die Liebermann-Villa bleiben auf jeden Fall als fest gesetzt im Besichtigungsprogramm. Die Offene Pforte in und um Hannover kommt mit ihren inspirierenden, bunten, alten und neuen Angeboten noch dazu.

Max-Liebermann Villa Berlin-Wannsee

Tokiokirsche (*Prunus yedoensis*)

März | »April, April, der weiß nicht, was er will«, so geht ein alter Wetterspruch. Aber der März weiß es viel weniger. Im letzten Jahr war der Garten im März noch dick verschneit. Es war bibbernd kalt. Die Pflanzen verlängerten einfach ihren Winterschlaf.

In diesem Jahr dagegen weht der Wind schon seit Wochen aus südwestlicher Richtung und die Sonne flutet wärmend den Garten. Wir sind hellwach und müssen uns immer wieder selbst ermahnen, dass es bis zu Eisheiligen noch zwei Monate lang frostig werden kann.

Im Gewächshaus sind Sommerblumen, Tomaten und Paprika bereits gekeimt. Teilweise sind die Pflänzchen schon pikiert oder sogar getopft. Jungpflanzen von Goldlack und Bartnelken, die im Februar noch ganz verhärmt aussahen, arbeiten vital an ihrer Schönheit. Mutterpflanzen von Chrysanthemen und verschiedene Salbeiarten treiben aus und geben bereitwillig ihre Stecklinge her. Die Kamelien blühen in voller Pracht. Die Rose »Maréchal Niel« lässt verheißungsvoll ihre Blütenknospen schwellen. Die asiatische Buddleje verströmt intensiven Vanilleduft. Die Citruspflanzen wollen blühen. Kartoffeln liegen schon zum Vorkeimen in den Stiegen.

Kamelie
(Camellia japonica)

Traubenhyazinthen (Muscari latifolium)

Draußen auf der Mauer über dem Wasserbecken im Phloxgarten ist das »Blaue Band« aus Stiefmütterchen installiert. Schon wenige Tage nach der Verpflanzung in große Blumentöpfe haben sich diese überaus freundlichen Wesen mit ihrem neuen Standort angefreundet. Sie erfreuen jeden und erinnern an das gefühlvolle Gedicht »Frühling« von Eduard Mörike.

Die in der vollen Sonne stehenden Krokusse und Schneeglöckchen haben sich schon verabschiedet. Es zeigt sich mal wieder, dass bei vielen Pflanzenarten nicht nur die Temperatur für den Austrieb verantwortlich ist, sondern auch die Tageslänge. Vergissmeinnicht, Traubenhyazinthen, Scilla, Sternhyazinthen, Akelei und Silbertaler werden mit Ungeduld erwartet. Hätten wir den Rückschnitt der alten Grasbüschel des Lampenputzergrases (Pennisetum perennis) nicht doch noch aufschieben sollen?

Die Frühlingsprimeln (Primula elatior und Primula veris) kommen an verschiedenen Stellen im Funkiengarten, im gelben Beet und auch im Gemüsegarten zur Blüte. Es ist immer wieder faszinierend zu erleben und zu verfolgen, wie ein zunächst win-

Schneeglanz (Chionodoxa luciliae) und Anemone blanda

Märzbecher (Leucojum vernum)

ziger hellgrüner Knubbel Struktur bekommt, Blättchen zeigt, schnell daraus ein Knospennest bildet, und wie dann diese Winzlinge innerhalb weniger Tage zu ansehnlichen, den Himmel öffnenden Schlüsselbunden heranwachsen. Auch die Küchenschellen verblüffen mit ihrem unerwartet plötzlichen Erscheinen.

Noch nie waren die Lenzrosen im Funkiengarten so schön wie in diesem Jahr. Sie haben die gesamte Palette der zur Verfügung stehenden Farben von Weiß, über Rosa und Rot oder gesprenkelt bis fast Schwarz im Angebot. Die Versorgung mit Kalk im letzten Herbst haben sie dankbar verarbeitet und die allenfalls leichten Nachtfröste konnten ihren Blüten und Blütenstielen bisher nichts anhaben.

Schlüsselblume (Primula elatior)

Myrobalane (*Prunus cerasifera*) und Magnolie (*Magnolia stellata*)

Überwältigend hat die Aprikose an der Südwand des Wohnhauses geblüht. Sie hüllte sich schon morgens in eine nach Nektar duftende Wolke ein und die Bienen kamen in Scharen. Natürlich haben wir die Nächte ängstlich erwartet, die Wetterberichte aufmerksam verfolgt, auf unsere Verhältnisse uminterpretiert und, wenn es uns nötig erschien, das Bäumchen mit einem Vorhang aus Vlies geschützt. Tatsächlich hat es während der Blüte keine Frostschäden erlitten. Dadurch ermutigt, machen sich nun auch die Pfirsichbäumchen mit ihren rosa Blüten auf den Weg. Auch die Sternmagnolie kann nicht mehr an sich halten und alle Sorge beginnt von vorn.

Aprikose (*Prunus armeniaca*)

Rhabarber (*Rheum rhabarbarum*)

Weil das Wetter so mild ist und keine wirklich bedrohlichen Aussichten zu erkennen sind, haben wir die Wasserbecken von ihrer Winterabdeckung mit Holzbohlen befreit und randvoll mit Wasser gefüllt. Auch die Noppenfolie, die das alte Gewächshaus wie ein Mantel umhüllt, beginnt zu stören. Wenigstens die aus Klarglas bestehende Stehwand zum inneren Garten könnte doch schon mal davon befreit werden, damit sich Gewächshaus und Garten wieder gegenseitig sehen können.

Im Frühbeet haben wir gemeinsam mit dem achtjährigen Enkel Enno gekaufte Jungpflanzen von Kopfsalat und Kohlrabi gesetzt, Spinat und Radieschen ausgesät und das Ganze erwartungsvoll mit Fenstern abgedeckt. Unabhängig von diesem Wagnis mussten die Beete im Gemüsegarten von Unkraut und Gemüseresten befreit und gelockert werden. Den mittigen Grasweg haben wir mit Hilfe einer gespannten Schnur sauber abgestochen, so dass jetzt jeder Freund fadengerader Linien seine helle Freude daran haben müsste. Überhaupt ist der Drang zum Frühlingsputz jetzt auch im Garten stark ausgeprägt.

Unter den Beerensträuchern und auf den Beeten im Gemüsegarten ist bereits Kompost aufgebracht. Damit haben wir den nötigen Platz gewonnen, um mit einem neuen Haufen beginnen zu können. Ein Garten ohne Kompost wäre für uns nicht vollständig. Er nimmt den größten Teil des Schnittguts, des anfallendes Laubs und des Krauts auf, verbessert den Boden und ist außerdem ein großes Wunder. Man kann die Komposterei als Wissenschaft betreiben und viel Zeit damit verbringen: ordnen, aussortieren, kalken, impfen, umschichten und sieben. Dann sieht der Kompostplatz aus wie ein wissenschaftliches Labor oder eine saubere Werkstatt. Wir würden das als Fron empfinden und verwenden ein ziemlich einfaches Verfahren: Alle pflanzlichen Abfälle, mit Ausnahme der sperrigen und der gekochten aus der Küche, und die Holzasche aus dem Ofen wandern jetzt beginnend auf einen immer größer und höher werdenden Haufen. Im nächsten Jahr zu selben Zeit wird er geschlossen und ein neuer Haufen begonnen. Im dritten Jahr wachsen auf ihm Kürbisse und danach ist der Kompost zur Verwendung fertig. Er wird nicht gesiebt. Die groben, nicht verrotteten Teile kommen auf den ruhenden Haufen vom zweiten Jahr. Wir achten allerdings darauf, dass Wurzeln von Winde, Giersch und Quecke möglichst nicht in den Kompost gelangen. Auch streben wir in jedem Jahr von neuem an, Pflanzen die sich stark durch Samen vermehren, wie Löwenzahn, Hühnerhirse und Nachtkerze, nicht zum Fruchten kommen zu lassen.

Lenzrosen (Helleborus orientalis)

Hortkinder | »Die Horties kommen« ist bei uns ein Ausruf, der zugleich Freude und Unsicherheit beinhaltet. Seit einigen Jahren besuchen uns im Frühjahr und Sommer einmal im Monat in zwei Gruppen Hortkinder der Kindertagesstätte der evangelisch-lutherischen St. Thomas Gemeinde Hannover-Oberricklingen in unserem Garten. Wir freuen uns immer auf die muntere Kinderschar, zugleich sind wir unsicher, mit welchen spielerischen Angeboten wir sie locken und fesseln können.

Schon bei dem ersten Besuch stellten wir fest, dass manche Kinder durchaus eine Beziehung zum Garten haben, meistens über die Großeltern, andere dagegen haben nicht den Schimmer einer Ahnung, wundern sich, dass die Kartoffeln in der Erde wachsen und dass Stachelbeeren keine kleinen grünen oder gelben Tomaten sind.

In unserem Programm konzentrieren wir uns vor allem auf das Wunder des Wachsens. Wenn die Kinder beispielsweise ein Tomatensaatkorn, nicht größer als ein Krümel, in die Erde eines Blumentopfes versenkt haben, dann erfasst sie echtes Staunen, dass daraus nach vier Wochen ein kleiner wohl gestalteter Sämling gewachsen ist. Erst recht staunen sie, wenn sie nach wiederum vier Wochen eine schon ziemlich stattliche Pflanze draußen im Gemüsegarten unter das fliegende Dach aus alten Frühbeetfenstern auspflanzen können. Sie ekeln

sich ein wenig vor den stinkenden Hornspänen, die mit ins Pflanzloch kommen. Dafür macht das Angießen und Stäbeln umso mehr Spaß. Das Staunen wird zum rauschhaften Entzücken, wenn wieder nach Wochen rot gefärbte Tomaten geerntet werden können.

Die beiden Erzieherinnen Gudrun Paschkowski und Stephanie Müller sorgen schon im Vorfeld für die nötige Motivation und halten die Gruppen während der Besuche zusammen. Wir bemühen uns, Aktionen zu finden, die für Kinder interessant sind. Nach den bisherigen Erfahrungen können wir festhalten: Aussaaten, Stecklingsvermehrung, Pflanzungen, Kartoffelanbau, Ernten und Probieren von Beeren und Erbsen, Riechen von Kräutern, Binden von Blumensträußen für die Eltern, Zubereitung von Tee und Pflanzenrallyes kommen gut an. Der Rundgang durch den Garten, das Zusammensitzen, Essen, Trinken und Reden sind ein wichtiges Ritual.

Wilfried Köhler, der Leiter der Kindertagesstätte hat die »Horties« zu dem Gartenprojekt befragt und die Antworten festgehalten. Auf die Frage, was sie aus dem Projekt mitgenommen hätten, sagte Wulfhardt zum Beispiel: »Ich habe Pflanzen kennengelernt, die man essen kann und die giftig sind.« Und Sophie hat erfahren, »dass man Pflanzen gießen muss und wie viel«. Lana und Matteo hat das »Blumeneinpflanzen … gut gefallen«. Und Ha Vy war offenbar von der Rallye besonders angetan: »Wir bekamen Zettel. Da stand was drauf. Ein Pflanzenname (mit einem Foto) stand auf dem Zettel. Diese Pflanze mussten wir suchen.«

Vielleicht sind ja damit die Saatkörner für zukünftige Gartenleidenschaften gelegt.

Tulpe »WhiteTriumphator«, Silbertaler (Lunaria annua), Camassia quamasch und Vergissmeinnicht (Myosotis sylvatica)

April | Am letzten Wochenende im März wird die Uhr auf Sommerzeit umgestellt. Damit bleibt es gefühlt von jetzt auf gleich eine Stunde länger hell. Aber auch in der astronomischen Wirklichkeit werden die Tage jede Woche um eine üppige halbe Stunde länger. Mittags steht die Sonne schon hoch am Himmel. Das merken natürlich auch die Pflanzen. April ist im Garten der Monat, in dem alles aus den Nähten platzt. Die Kraft des Lebens ist nicht mehr zu bremsen und die vitale Vielfalt des Wachstums kennt keine Grenzen. Jede Pflanzenart macht es anders. Manche, der Diptam (Dictamus albus) beispielsweise, betreten die Bühne, als wüssten sie von der Gier der Schnecken, zunächst schüchtern, um dann aber doch schnell Mut zu fassen. Andere, der Rhabarber etwa, verschafft sich gleich als Muskelprotz Geltung. Die schlauen Funkien warten ab, ob nicht vielleicht doch noch Frost kommt und gehen dabei das Risiko ein, beim Hantieren mit Pflanzschaufel und Spaten übersehen zu werden. Die Elfenblumen (Epimedium) fangen gleich erst mal an zu blühen und schicken ihre neuen Blätter später hinterher. Die Stockrosen dagegen schießen zunächst ins Kraut. Bewunderung erwarten sie alle. Immer wieder überwältigt die Glyzinie mit ihrer speziellen Blütenzauberei. Am Anfang sind Blüten- und Blattknospen kaum zu unterscheiden. Aber dann entwickelt sich aus einem kleinen, glatten Kegel innerhalb weniger Tage, nicht etwa nur eine einzige schöne Blüte mit Kelch- und Blütenblättern, mit Staubgefäßen und Narbe, sondern es entsteht eine lange Blütentraube mit vielen

Salbei (Salvia gravida)

Rose »Maréchal Niel«

Tulpen »Pink Sunday«, Silbertaler (Lunaria annua) und Wolfsmilch (Euphorbia cyparissias)

Lippenblüten nach einem komplizierten Bauplan, der jedes Jahr erneut zuverlässig ausgeführt wird. Das ist und bleibt etwas unfassbar Schönes, das jedes Herz erfreut und beschwingt.

Im Gewächshaus herrscht jetzt Hochbetrieb. Die Topfstellage ist angefüllt mit Sämlingen und Stecklingen in Saatschalen, Stiegen und Töpfchen. Durch die Planung eines Allegorischen Gartens in der Kirchgemeinde St. Petri Steinwedel (Lehrte) hat die Pflanzenkinderstube in diesem Jahr ungewöhnliche Gäste. Die üblichen Kulturen müssen sich den Platz mit Rade (Agrostemma githago), Färberdistel (Carthamus tinctorius) und Benediktenkraut (Cnicus tinctorius) teilen. Auch die Kinder vom Hort haben Topfreihen mit Tomatenaussaaten, Stecklingen von Chrysanthemen und Wurzelstücken von Pfefferminze hinterlassen. Sie wären bei ihrem nächsten Besuch schwer enttäuscht, wenn keine Erfolge zu besichtigen wären.

Die Rose »Maréchal Niel« steht in voller Blüte. Wenn wir nur nach dem intensiven Duft gehen würden, mit dem sie das ganze Gewächshaus ausfüllt, könnten wir zufrieden sein. Aber leider ist sie an der Veredelungsstelle erkrankt und wird von der Unterlage nicht mehr richtig versorgt. Diese versucht, sich durch Wurzelschösslinge zu retten. Wir haben schon nachgeforscht, wo eine neue Pflanze zu kaufen wäre und haben dabei erfreut festgestellt, dass die allgemeine Nachfrage nach dieser lange Zeit vergessenen Schönheit offenbar wieder steigt.

Der zarte Rosenduft wird vermischt und abgelöst vom intensiven Duft der Zitruspflanzen. Weil der Winter so mild und kurz war, haben sich die die tropischen Salvien (Salvia gravida, S. gesneriflora und S. guaranitica »Costa Rican Blue«) zu einer geradezu fulminanten Zugabe entschlossen. Besonders die erste beeindruckt mit üppigen langen Blütenvorhängen. Mutig haben wir uns entschlossen, die robusteren Kübelpflanzen – Kamelien, Oleander, Rosmarin zum Beispiel – schon nach draußen zu bringen und dadurch Platz für einen runden weißen Tisch und Korbstühle zu gewinnen. Plötzlich verkündet das Gewächshaus die Leichtigkeit des Seins und lädt ein, die Teemahlzeit dort einzunehmen, möchte den Wintermantel aus Noppenfolie vollständig ablegen.

An verschiedenen Stellen kommen jetzt die Obstgehölze zur Blüte, nicht alle gleichzeitig, aber doch in einem abgestimmten Spiel von Hervortreten und Verblassen. So sorgen Myrobalane und Tokiokirsche, Pfirsiche und Pflaumen, Sauer- und Süßkirschen und schließlich Äpfel, Birnenquitte und Mispel für eine abwechslungsreiche Inszenierung in Weiß und Rosa.

Königsfarn (Osmunda regalis)

Tulpen »White Triumphator«

Tulpen »Westpoint«

Schlüsselblume (Primula veris)

Wolfsmilch (Euphorbia cyparissias)

Glyzinie
(Wisteria sinensis)

Überall im inneren Garten blühen weiße Triandrus-Narzissen der Sorte »Thalia«. Hundert im letzten Herbst gesteckte »Petrel«, ebenfalls mit mehreren Blüten an einem Stengel, kommen dazu. Im Phloxgarten kontrastieren sie wunderbar mit der lilienblütigen Tulpe »China Pink«, der lebensfrohen Glyzinienlaube, der steifen Stiefmütterchenreihe und der aus allen Ritzen sprießenden, stark nach Honig duftenden, grüngelben Wolfsmilch (Euphorbia cyparissias). Im Funkiengarten vervollständigen sie die Pracht der Lenzrosen und lassen den hohen Tulpen, der lilienblütigen »White Triumphator« und der grün panaschierten »Spring Green«, den Vortritt. Im Rotblaugelbgarten bejubeln sie gemeinsam mit Vergissmeinnicht, Akelei, Silbertalern und Camassien den Frühling. Rotes, blaues und gelbes Beet legen zunehmend Wert auf farbliche Eigenständigkeit und werden dabei von den lilienblütigen Tulpensorten »Maytime« in Rot, »White Triumphator« und der gelben »Westpoint« eindrucksvoll unterstützt. Im roten Beet weint außerdem das große Tränende Herz (Dicentra spectabilis) und eine Baumpaeonie, deren Namen wir nicht kennen, hat am Ostersonntag ihre ersten unglaublich

prächtigen Blüten entfaltet. Im Vergleich dazu wirkt die Kaukasus-Pfingsrose (Paeonia mlokosewitschii) im gelben Beet angenehm bescheiden.

Im Gemüsegarten leuchtet der Goldlack in einem abgestimmt wirkenden Farbspiel. Der Frühbeetkasten ist voll bestückt. Kopfsalat, Kohlrabi und Radieschen können schon geerntet werden. Mit Unterstützung durch die Hortkinder sind die ersten Gemüsekulturen (Kartoffeln, Markerbsen, Möhren und Rote Bete) der Erde anvertraut. Den Erdbeeren, darunter den Sorten »Mieze Schindler« und

Tulpen »Negrita« und Silbertaler (Lunaria annua)

Primula rosea

Baumpäonie (Paeonia rockii)

»Corona«, redeten wir mit Hilfe des organischen Düngers »Animalin« gut zu, in Wachstum und Blütenbildung kräftig zuzulegen.

Draußen setzt sich der bisher zurückhaltende Eingangsbereich wirkungsvoll in Szene. Die Triumph-Tulpensorte »Negrita« und weiß blühende Silbertaler (Lunaria annua) verbinden eine vornehme Farbkombination mit frei agierender Lebensfreude. Noch deutlicher kann diese sich in drei neuen, mit Blasenbäumen bepflanzten Baumscheiben entfalten, wo sich eine kunterbunte Tulpenmischung über die blaue Grundierung durch Vergissmeinnicht fröhlich hinwegsetzt.

Zieringwer (Hedychium gardnerianum)

Pflanzengschenke | Jeder passionierte Gärtner bekommt bei Gelegenheit aus anderen Gärten Pflanzen geschenkt. Auch wir beteiligen uns an diesem Austausch. Wenn uns ein Gartenfreund ein solches Geschenk überreicht, sind wir stets dankbar, weil wir uns über die Bereicherung freuen und die uns zugewandte Beglückungsabsicht erkennen. An das bekannte Gedicht »Drei alte Tanten« von Wilhelm Busch denken wir nicht.

Unser Garten hat durch solche Gaben unerwartete, bestimmende Prägungen erhalten. Die auf diese Weise zu uns gekommenen Pflanzen bleiben zudem untrennbar mit den Personen verknüpft, die sie uns mitgebracht haben. Salbei, Weintrauben und Winden können nicht ohne Johannes-Ulrich Urban gedacht werden, der uns auch noch mit manchen anderen Kostbarkeiten erfreut hat. Bei Kartoffeln und Tomaten haben wir sofort die Familie Kreitz vor Augen. Die Staudensonnenblume (Helianthus decapetalus) und die großblättrige Schafgarbe (Achillea macrophylla) fügen sich mit Hilde G. zu einem Erinnerungspäckchen zusammen und der wohlschmeckende französische Estragon bleibt für immer mit Peter Eisenberg verbunden. So wächst im Laufe der Zeit aus den Pflanzengaben zugleich eine ziemlich große Menschengemeinschaft.

Nicht immer entfalten solche Geschenke allerdings eine uneingeschränkt positive Wirkung. Plötzlich

Salbei (*Salvia involucrata*)

kriecht unter einer freundlich überreichten Pflanze ein Giersch hervor und erobert in Windeseile benachbartes Terrain. Leichtfertig und gern haben wir vor einigen Jahren eine Staudenform der Salatrauke angenommen und bei uns ausgepflanzt. Mit ihren Fadenwurzeln hat sie sich inzwischen überall im Gemüsegarten verbreitet und wir werden uns auch in Zukunft mit ihr arrangieren müssen. Haben wir nicht vielleicht schon selbst solche Danaergeschenke in andere Gärten getragen?

Manchmal entstehen durch solche Gaben auch amüsante Geschichten. Eine davon will uns wohl auf Dankbarkeit verpflichten oder das Standvermögen von Pflanzen beweisen. Im letzten Jahr schenkten uns Katinka und Ruprecht Dröge aus eigenen Beständen in blühendem Zustand einen Zieringwer (Hedychium gardnerianum). Wir freuten uns über den eindrucksvollen Blütenflor und überwinterten die Pflanze im Gewächshaus. Im Frühjahr bot sie einen jämmerlichen Anblick. Da wir gerade

Trichterwinde (Ipomoea indica)

mal wieder überlegten, die Zahl der Kübelpflanzen drastisch zu verringern, entschieden wir uns für die harte Trennung und brachten den armen Zieringwer auf den Kompostplatz. Er hatte sich aber so in seinem Plastiktopf verkeilt, dass wir ihn zunächst neben dem Komposthaufen stehen ließen. Dann vergaßen wir ihn und er verschwand mehr und mehr zwischen Winden und Brennnesseln. Nach Monaten entdeckten wir ihn wieder. Er hatte vier große Blütenknospenstände gebildet und sah prachtvoll aus. Betreten entschuldigten wir uns bei ihm, pflanzten ihn in einen ansehnlichen Keramikkübel und gaben ihm im Eingangsbereich einen gut sichtbaren Platz.

Staudensonnenblume
(Helianthus decapetalus)

Hohe Calla (Zantedeschia aethiopica), Staudenmohn (Papaver orientalis), Rosen »Smarty« und »Kiftsgate« sowie Pfeifengras (Molinia arundinacea »Transparent«)

Mai | Jetzt ist er gekommen, der Mai. Sobald die Eisheiligen vorbeigezogen sind, kann das kurze sommerliche Gartenfest wirklich beginnen. Alle kälteempfindlichen Pflanzenarten sind herzlich eingeladen, sich daran zu beteiligen. Wie immer, wenn es ein Fest vorzubereiten gilt, ist unglaublich viel zu tun. Deshalb haben wir mit den Vorbereitungen schon früh begonnen. Nach dem milden Winter und den vielen warmen Frühlingstagen war die Verlockung groß, auf Mamertus, Pankratius, Servatius, Bonifatius und Sophia zu pfeifen. Wir wurden leichtsinnig. Schon Ende April brachten wir die ersten Kübelpflanzen nach draußen. Auf die Abdeckung der frisch gelegten, vorgezogenen Kartoffeln verzichteten wir großzügig. Aber dann waren sie plötzlich doch da, die frostigen Fünf. Wir rannten spätabends durch den Garten und umhüllten die empfindsamen Pflanzen mit Flies, vergaßen die Kartoffeln, deren frisches Grün dann prompt die gefürchteten Schwarzfärbungen zeigte.

Stur und weise halten sich deshalb die Gärtner in Herrenhausen (vielleicht schon seit dreihundert Jahren) eisern an die Regel, erst nach dem 15. Mai die wertvollen Kübelpflanzen nach draußen zu bringen und auch erst dann mit dem Pflanzen der Sommerblumen zu beginnen. Werden wir es im nächsten Jahr schaffen, ihrem Beispiel zu folgen? Einfach ist das nicht; denn die überwinterten und neu kultvierten Pflanzen werden im Gewächshaus lang und länger. Der Gießaufwand steigt. Die Stängel bleiben weich und fallen, wenn sie nicht rechtzeitig nach draußen gebracht werden, beim kleinsten Windhauch um.

Ob nun vor oder nach den Eisheiligen: Im Mai wird das Gewächshaus völlig umgekrempelt. Die meisten Kübelpflanzen und die Töpfchenkohorten wollen an die frische Luft. Nach der Beseitigung der Noppenfolie ist das ganze Gewächshaus plötzlich von Licht durchflutet. Die beiden Weinpflanzen (»Muscat Alexandria« und »Muscat Hamburg«) treiben lange Ranken und möchten getrimmt werden. Ihre üppigen Blütenstände versprechen große schwere Trauben. Vorgezogene Tomaten- und Paprikapflanzen wandern in die Erde und drücken aufs Wachstumstempo. Der Feigenbaum gebiert jungfräuliche Früchte. Einige zugekaufte Individualisten wie Schlangengurke und Melone stellen eine Bereicherung des Erntesegens in Aussicht. Die kapriziöse Rose »Maréchal Niel« wird kräftig zurückgeschnitten, um ihre nachlassende Wachstumsfreude anzustacheln. Sicherheitshalber ist ihr gegenüber eine noch kleine Schwester neu gepflanzt worden. Auf dem fast leeren Pflanztisch kann sich nun die Passionsblume ausbreiten, die im Boden darunter überwintert hat. Sie schiebt ihre Triebspitzen schon ungeduldig zwischen der Tischplatte und der Gewächshauswand hindurch. In wenigen Wochen wird sie einen blütenreichen langen Tischläufer weben.

Schnittlauch (Allium schoenoprasum)

Blumenlauch (Allium »Purple Sensation«)

Rose »Mühle Hermsdorf«

Draußen bestimmt das frische Maigrün in vielen verschiedenen Tönungen die Szenerie. Blumenzwiebeln, die seit Monaten das Gartenbild beherrschen, treten zurück. Zierlauch (Allium »Purple Sensation« und A. nigrum) bestimmen das Finale. Die lange Reihe Stiefmütterchen im Phloxgarten wird durch eine Mischung aus Leberbalsam (Ageratum »Heavenly Blue«) und Präriekerzen (Gaura lindheimeri »Karly White«) ersetzt. Auch die übrigen Mauern werden mit Topf- und kleinen Kübelpflanzen bestückt (beispielsweise Solanum jasminoides, Lobularia »Snow White«, Salvia coahuilensis, S. »Mystic Spire«, S. involucrata, S. patens, S. miniata). Zu ihren Füßen entfacht der Staudenmohn mit teilweise bekannten Sorten (Papaver orientalis »Graue Witwe«, »Beauty of Livermere«, »Kleine Tänzerin«) ein schnell vorübergehendes Farbfeuerwerk. Am Gartenhaus bildet eine in einem großen Topf stehende Hohe Calla (Zantedeschia aethiopica) mit ihren vielen schneeweiß leuchtenden Blütenständen einen vornehm wirkenden Blickfang.

Länger andauernd und stark duftend ist die Rosenblüte im Funkiengarten. »Gruß an Zabern« startet, dicht gefolgt von »Mühle Hermsdorf«. Danach bilden »Kiftsgate«, »Seagull«, »Lukkefund« und »Madame Plantier« ein kompaktes Feld von weißen Blütenwolken. Den Höhepunkt setzt »Bobby James«, schon deshalb ist der Sitzplatz unter seiner Schattenlaube nach einer Möblierung mit

Rose »Mühle Hermsdorf«

Rose »Ghislaine de Feligonde«

Rose »Aicha«

zwei Bänken plötzlich als vielbenutzter neuer Sitzplatz entdeckt worden. Mit ihren Nachblüten sorgen »New Dawn«, »The Generous Gardener« und »Smarty« dafür, dass der große Rosenzauber im Mai auch im Sommer nicht in Vergessenheit gerät. Unter dieser beeindruckenden Rosenlaube richten weiße und rosa Fingerhüte (Digitalis purpurea) ihre langen Lanzen auf.

Der Rotblaugelbgarten wirkt nach der seit Februar andauernden, ununterbrochenen Folge von Blumenzwiebelwundern etwas erschöpft und möchte sich eine Auszeit nehmen. Aber die wird ihm nicht gegönnt. Denn er muss jetzt geeignete Plätze für einfach blühende Dahlien (»Bishop of Llandaff«, »Bishop of Leicester« und »Bishop of York«) anbieten und verschiedene Salvien (Salvia curviflora, S. viridis »Oxford Blue« und »Pink Sunday«, S. Hybriden »Mystic Spire« und »Amistad«) aufnehmen. Ein wenig beleidigt wirkt er zunächst, zieht sich dann aber doch gern ein luftiges Wiesenkleid aus Akelei, Jakobsleiter (Polemonium caeruleum), Schwertlilie (Iris sibirica), Wiesenraute (Thalictrum aquilegifolium und Th. delavayi) und Glockenblumen (Campanula persicifolia) über. Der leichtfüßige gelbe Scheinmohn (Meconopsis cambrica) hält sich nicht an die Beetgrenzen. Die kompakten Horste der frühen Taglilie leuchten weit. Auch die Pfingstrose »Jan van Leuwen« öffnet ihre edlen, gelbweißen Blüten. Alles andere überbietend macht ein von Freunden

Diptam (Dictamus albus) und Scheinwaldmeister (Phuopsis stylosa »Purpurglut«)

geschenkter Orientalischer Mohn etwas zu laut auf sich aufmerksam. Die an der Hauswand stehende Aprikose zeigt einen übertriebenen Fruchtansatz.

Im Obst- und Gemüsegarten schießt das Kraut bedenklich. Wir haben alle Mühe, die Herrschaft zu bewahren. Rote Bete, Mangold, Möhren, Dicke Bohnen, Buschbohnen sollen in ordentlichen Reihen wachsen, die Erdbeeren üppig blühen, die Tomaten unter den fliegenden Frühbeetfenstern gesund Fuß fassen. Die Himbeeren brauchen liebevolle Zuwendung, wollen angebunden, gedüngt und von allzu üppig wachsenden Unkräutern freigehalten werden. Auch das Pflanzen und Säen von Sommerblumen darf nicht vergessen werden. In diesem Jahr haben wir uns mal wieder zur Aussaat von Goldmohn (Eschscholzia californica) entschieden. Wicken, Sonnenblumen und Rudbeckien werden vorkultiviert gepflanzt. Ringelblumen kommen von selbst. Dahlien und Chrysanthemen für den Schnitt dürfen nicht fehlen.

Die vor Jahren aus dem inneren Garten herübergeholten Pfingstrosenhecken kommen allmählich in Fahrt. Für einen dicken Blumenstrauß, angereichert mit ebenfalls dort wachsenden Schwertlilien, müsste es schon reichen. Die Margeritenwiese entfaltet in kurzer Zeit einen die Seele erwärmenden Anblick. Sie behauptet von sich, ganz natürlich zu sein, und freut sich doch, wenn die benachbarten

Akelei (Aquilegia caerulea) und Wiesenraute (Thalictrum aquilegifolium), darüber Taglilien, Wieseniris (Iris sibirica) und Storchschnabel (Geranim x magnificum)

Wiesenitis (Iris sibirica)

Rasenwege regelmäßig kurz geschnitten werden; denn sie kennt die reizvolle Balance zwischen Wildwuchs und Ordnung.

Der Eingangsbereich wird mit Kübelpflanzen besetzt. Sie sehen noch etwas zerrupft aus und müssen sich erst an die wieder gewonnene Freiheit gewöhnen. Das neue Beet erfreut mit einer Vielzahl verschiedenfarbiger Akeleien. Die Strauchrose »Aicha« lässt es goldgelb leuchten. Die abgeblühten Tulpen und Vergissmeinnicht in den Baumscheiben werden durch Präriekerzen (Gaura lindheiimeri) und Schopfsalbei (Salvia viridis) ersetzt.

Die Südwand des Fahrradschuppens verwandelt sich in ein offenes Blumenregal. In Blumenschalen gepflanzte Knollenbegonien, Hängegeranien, Sauerklee (Oxalis articulata ssp. rubra) und Strand-Silberkraut (Lobularia maritima) schauen zunächst schüchtern, später immer gewagter aus dem Fenster und begrüßen den Sommer.

Wegwarte (Cichoriuum intybus)

Allegorische Pflanzen | Pflanzenallegorien waren für uns nichts Neues. Dass die rote Rose für Liebe und die Lilie für Reinheit steht, das wussten wir. Wie wir ja allgemein an Flora und Fauna, speziell aber im Garten schätzen, dass sie uns Menschen in unserer Kulturgeschichte immer wieder dazu angeregt haben, unseren Ideen und Phantasien bildhafte Form zu geben.

Der Zufall wollte es, dass wir von Pflanzenpredigten der nachlutherischen Zeit erfuhren, die im 16. und 17. Jahrhundert als Bücher veröffentlicht wurden. Die Pastoren der damaligen Zeit sollten ihrer Gemeinde verständlich erklären, was evangelisches Christentum bedeutet und weil sie wussten, dass sich die meisten Menschen in der Pflanzenwelt der Landschaft und der Gärten gut auskannten, nutzten sie Merkmale und Eigenschaften von heilenden, giftigen, nützlichen, schönen und lästigen Pflanzen, um die Kirchenlehre einprägsam zu erläutern und im Gedächtnis ihrer Gemeindemitglieder zu verankern.

Glückliche Umstände führten vor einigen Jahren eine Gruppe von Gartenfreunden unterschiedlicher Profession zusammen, die unter der Führung von Pastor Mirko Peisert und mit Hilfe der Region Hannover sowie der Bingo Umweltstiftung Niedersachsen in der evangelisch-lutherischen St. Petri Kirchengemeinde Lehrte-Steinwedel einen öffentlich zugänglichen Allegorischen Garten verwirklichten. In diesem im Mai 2014 eröffneten Garten werden alle Pflanzenarten zusammengefasst, die in den Pflanzenpredigten allegorisch gedeutet wurden. Ein von der Region Hannover in diesem Herbst herausgegebenes Buch »Allegorischer Garten Steinwedel« von Carola Piepenbring-Thomas beschreibt die historischen Hintergründe, die Idee und die Pflanzen.

Wir übernahmen in dieser Gruppe die Rolle der Planung. Unser Garten war stark beteiligt. Viele der ungefähr 80 Pflanzenarten gehören nämlich nicht zu den gängigen Gartengewächsen und mussten selbst angezogen werden. Plötzlich waren bei uns Engelwurze, Hundszungen, Kornraden und Wegwarten zu Gast. Günsel, Löwenzahn, Rainfarn und Ruprechtskraut wollten sich nicht mehr als lästige Eindringlinge fühlen, sondern erwarteten die volle Anerkennung. Wir befragten Fachbücher und das Internet, um Näheres über Benediktenkraut, Färberdistel, Mönchspfeffer, Teufelsabbiss und Wintergrün zu erfahren. Saatkisten füllten sich mit ungewöhnlichen Sämereien. Es wurde pikiert und getopft. Überall drängelten sich Pflanzenkinder, wollten gewässert, gedüngt und beachtet werden.
Abgesehen von diesen vorübergehend bei uns wohnenden Gästen, schien das Steinwedeler Projekt mit unserem Garten selbst zunächst gar nichts zu tun zu haben. Er war etwas ganz anderes. Aber

dann wollten wir plötzlich auch Mönchspfeffer (Vitex agnus-castus) haben. Der Wegwarte (Cichorium intybus) überließen wir den Außenrand des Gemüsegartens. Die Kornrade (Agrostemma githago) begeisterte uns mit ihrer edel geformten Blüten und obwohl Kenner warnen, man werde sie nie wieder los, fragen wir uns, wo wir ihr in unserem Garten einen Platz anbieten könnten. Selbst den Löwenzahn sehen wir mit neuen Augen.

Die Erfahrungen mit dem Allegorischen Garten haben uns in Bewegung gesetzt. Wir entdecken erneut den unerschöpflichen Pflanzenreichtum. Aufmerksamer betrachten wir die Pflanzenarten in Wald, Feld und Flur, möchten mit ihnen gärtnerisch experimentieren. Wird unser Garten, wenn Gott will, in zehn Jahren also ganz anders aussehen als heute? Allegorischer, heimischer, historischer? Kommt Zeit, kommt Rat, kommen die Pflanzen, das Wetter, der Mut und vielleicht auch die Kraft.

Fingerhut (Digitalis purpurea) und Rose »Smarty«

Juni | Im Juni werden Spaten und Pflanzschaufel zunehmend durch Hacke, Schere, Gießkanne und Schlauch ersetzt. Der Übergang ist fließend, aber zwischen den Gartentätigkeiten Mitte Juni und denen vier Wochen zuvor bestehen frappierende Unterschiede. Im Mai wird gestaltet und gepflanzt, im Juni gepflegt und entwickelt. Es wird darauf geachtet, dass bei aller Freiheit und Offenheit der Entwicklung die Übersicht nicht verloren geht. In diesem Jahr haben Regen und milde Temperaturen im Mai und im Juni eine harmonische Gemeinschaft gebildet. Alle Pflanzen wachsen in voller Vitalität. Ihr Konkurrenzkampf ist heftig. Da muss steuernd eingegriffen werden.

Wir gehören nicht zu den Gartenfreunden, die ihre gartenästhetische Erfüllung in einem makellosen englischen Rasen oder in Formgehölzen suchen. Aber die Schere ist jetzt auch bei uns ständig zur Hand, um verblühte Blumen abzuschneiden, ausufernde Pflanzen zurückzudrängen oder Wege freizuhalten. Die Heckenschere muss dabei helfen, allzu üppiges Strauchwachstum einzudämmen. Vor allem die Buchsbaumbüsche sollen übersichtlich bleiben. Wir müssen ertragen, dass sie danach aussehen, als kämen sie frisch vom Frisör. Die Rasenwege im Obst- und Gemüsegarten müssen, um auch bei feuchter Witterung begehbar zu bleiben, mit dem Mäher kurz gehalten werden. Da wir in diesem Jahr noch keine langen Trockenperioden erlebt haben, mussten wir draußen bisher kaum gießen. Nur die Pflanzen in Töpfen und Kübeln und im Gewächshaus haben einen schwer stillbaren Durst und auch Hunger. Sie erwarten tägliche Zuwendung.

Im Gewächshaus hat die Passionsblume (Passiflora caerulea) inzwischen die gesamte Topfstellage erobert und beginnt, ihre eindrucksvollen Blüten aufzuklappen. Die Tomatenpflanzen schießen in die Höhe und müssen durch Ausgeizen der Seitentriebe ständig zur Ordnung gerufen werden. Die Bougainvillee bedankt sich für die richtige Winterpflege – überhaupt nicht gießen bitte – mit einem üppigen Blütenflor. Bei sonnigem Wetter, wenn die Temperaturen unter dem Glas schnell tropische Dimensionen erreichen, ist der Gartenschlauch mehrmals täglich im Einsatz.

Passionsblume (*Passiflora caerulea*)

Seerose (*Nymphea alba »Albatross«*)

Rose *»Bobby James«*

Der Phloxgarten hält sich immer noch zurück und steigert dadurch die Erwartungen an seinen Sommerauftritt. Dezente Blütenerscheinungen erhöhen die Spannung. Am Schlafhaus öffnet Jelängerjelieber (Lonicera caprifolium) seine Blüten und verschenkt abends großzügig Duftwolken. Im langen, blau berandeten Wasserbecken entfalten Seerosen in immer wieder veränderter Aufstellung ihre einladenden Blüten. Bescheiden säumen blühende Kartäusernelken (Dianthus carthusianorum) den oberen Weg. Die Topfreihe aus Leberbalsam (Ageratum »Heavenly Blue«) und Präriekerze (Gaura lindheimeri »Karoly White«) intensiviert ihr blau-weißes Zusammenspiel. Auch die anderen, auf den Mauern stehenden Kübelpflanzen legen täglich zu. Wir würden uns freuen, wenn es uns überzeugender gelänge, auf den orientalischen Staudenmohn (Papaver orientale) Klatschmohn (Papaver rhoeas) und die roten Gartenformen des Schlafmohns (Papaver somniferum) folgen zu lassen.

Im Funkiengarten geht die Zeit der Rosenblüte bei den einmal blühenden Ramblerrosen zu Ende. Wochenlang haben sie unsere Duftwahrnehmung umschmeichelt, vage Kindheitserinnerungen geweckt und noch freie Gedächtnisstellen erobert. Die Aufmerksamkeit wird nun stärker auf die Funkien (beispielsweise Hosta elata und Hosta sieboldiana elegans) in den Beeten darunter gelenkt, die ihre

Blütenschäfte durch das dichte Blattwerk schieben. Hoheitsvoll wedelt der Königsfarn (Osmunda regalis) mit seinen mächtigen gefiederten Trieben und krönt seine imponierende Erscheinung aus der Mitte heraus mit dekorativen Sporenträgern.

Lavendel (Lavandula angustifolia) und Kartäusernelken (Dianthus carthusianorum)

Königsfarn (Osmunda regalis)

Eisenhut (Aconitum napellus)

Salbei (Salvia viridis »Pink Sunday«)

Schmuckkörbchen (Cosmos bipinnatus)

Wiesenraute (Thalictrum delavayi »Splendid White«)

Im Rotblaugelbgarten haben die meisten Zwiebelpflanzen ihr Laub zurückgezogen. Das rote Beet schmückt sich mit Fingerkraut (Potentilla atrosanguinea »Gibson Scarlet«), Scheinanemonen (Gillenia trifoliata), Salbei (Salvia viridis »Pink Sunday«), Spornblumen (Centranthus ruber »Albus« und »Coccineus«), Storchschnabel (Geranium x gracile »Sirak« und G. sanguineum »Tiny Monster«) und Ziest (Stachys grandiflora und S. monnieri »Hummelo«). Im blauen Beet geben zwei hohe Wiesenrauten (Thalictrum rochebrunnianum) gewaltig an und lassen ihre Blütenstände von weit oben auf alle anderen herabblicken: auf Eisenhüte (Aconitum napellus), verschiedene Glockenblumen (Campanula persicifolia, C. portenschagiana »Birch« und C. poschraskyana »Blauranke«), Katzenminzen (Nepeta x faassenii »Snowflake« und »Walkers Low«), Salbeiarten (Salvia viridis »Oxford Blue«, S. farinacea »Viktoria«, S. »Amistad« und S. nemorosa und »Caradonna« und »Adrian«), weiße Schmuckkörbchen (Cosmeus bipinnatus) und Storchschnabel (Geranium Hybride »Rozanne«). Im gelben Beet drängeln sich Gilbweiderich (Lysimachia punctata), Nachtkerze (Oenothera fruticosa), Sonnenauge (Heliopsis helianthoides var. scabra), Steppenwolfsmilch (Euphorbia seguieriana ssp. niciciana) und Taglilien (Hemerocallis spec.) um die besten Blütenplätze.

Funkie (Hosta elata)

Dreiblattspiere (Gillenia trifoliata) und Ziest (Stachys grandiflora »Superba«)

Draußen im Obst- und Gemüsegarten verbreitet Klatschmohn roten Frohsinn, läuft übermütig durch die Beete und fällt dabei leicht hin. Früher als sonst werden die Beerenfrüchte reif und laden uns zusammen mit den Vögeln in den Naschgarten ein. Meistens wollen wir Erdbeeren, Himbeeren, Johannisbeeren, Jostabeeren, Loganbeeren und Stachelbeeren selbst ernten. Dann müssen wir sie mit Netzen vor den Schnäbeln schützen. Wenn wir noch reichlich Gelee von roten Johannisbeeren im Regal stehen haben, verzichten wir auf den Schutz und lenken damit von den Himbeeren ab. Die in den Lücken der Zaunelemente stehenden üppig blühenden Rosen lassen an einen Bauerngarten denken. »Charles Austin«, »Ghislaine de Féligonde«, »Lavender Dream« und »Minnehaha« geben sich besonders viel Mühe. Die Kartoffeln haben sich von den Frostschäden erholt, Erbsen werden reif, Kohlrabi und Salat wandern täglich in die Küche, Rote Bete, Mangold, Möhren, Tomaten und verschiedene Kohlsorten wachsen munter vor sich hin.

Storchschnabel (*Geranium* x *gracile* »Sirac«) und Kokardenblume (*Gaillardia aristata* »Burgunder«)

Auf den Baumscheiben in der Einfahrt hatten wir im April zusammen mit der Nachbarstochter eine Blumenwiesenmischung ausgestreut, die wir im Jahr zuvor geschenkt bekommen hatten. Und siehe da: die Kräuter haben sich prächtig entwickelt, blühen kunterbunt durcheinander und verleihen der sonst eher spröden Gestaltung der neuen Gemeinschaftsflächen einen fröhlich leichten Charakter.

Taglilien (*Hemerocallis*), darüber Stockrosen (*Alcea rosea*)

Frauenmantel (*Alchemilla mollis*), Funkien (*Hosta*) und Rose »Seagull«

Rote Johannisbeere »Heinemanns Rote Spätlese«

Schwarze Johannisbeere »Titania«

Loganbeere

Jostabeere

Stachelbeere »Hönings Früheste«

Auch im Eingangsbereich hat sich einjähriger Mohn zu einer Demo versammelt. Die großen Oleanderbüsche, die in den letzten Jahren durchgängig im Gewächshaus gestanden hatten und dort stark von Spinnmilben heimgesucht worden waren, freuen sich offenbar über die frische Luft und öffnen dankbar ihre Blüten. Die lange Kübelreihe von Agapanthus (Agapanthus africanus) lässt schon in großer Zahl Blütenknospen sprießen und weckt damit Vorfreude auf einen großen Auftritt.
Über der Pforte zum Obst- und Gemüsegarten bildet die Rose »Pleine de Grace« einen dekorativen Bogen.

Garten-Schlafmohn (Papaver somniferum)

Rose »Pleine de Grace«

Himbeeren | Beerenobst kann auch einen Blumengarten ungemein bereichern. Die Roten Johannisbeeren leuchten wie polierte Perlen. Die Schwarzen duften streng aus dem Laub heraus. Die Weißen bedienen extravagante Wünsche. Rote, grüne und gelbe Stachelbeeren laden baumelnd zum Naschen ein. Brombeeren hängen verführerisch schimmernd in mundgerechter Höhe. Josta-, Logan- und Apfelbeeren belegen die Freude am Experiment. Erdbeeren erinnern an schwelgerische Kindheitstage.

Im Vergleich mit Himbeeren wirken sie jedoch alle nur wie freundliche Begleiter dieser bei uns vorherrschenden, strahlenden Beerenfrucht. Mit der ersten sich rötenden Himbeere beginnt der Sommer und er endet, wenn nichts mehr nachkommt. Von Ende Juni bis in den September hinein vergeht kein Tag, an dem nicht eine Schale frisch geernteter Himbeeren mit ihrem intensiven, unvergleichlichen Aroma unsere Mahlzeiten bereichert, mal ohne Beigaben, mal mit Joghurt oder geschlagener Sahne verbunden, mal mit anderen Beeren gemischt. Was darüber hinaus anfällt, wird eingefroren und steht

dann für eine spätere Verwendung zur Verfügung. Himbeerkonfitüre gilt bei den Enkelkindern als himmlisch. Zu Parfait verarbeitet erfüllen Himbeeren höchste Erwartungen der Kochkunst. Als »Heiß zu Eis« ergeben sie einen schnell zubereiteten, leckeren Nachtisch. Himbeerkuchen sieht nicht nur zauberhaft aus, sondern schmeckt auch so.

Wenn wir uns diese köstlichen Verwendungsmöglichkeiten vor Augen halten, wundern wir uns darüber, dass Himbeeren in Gärten nicht häufiger zu finden sind. Der Anbau erfordert zwar Zuwendung, aber keine unerreichbaren Kenntnisse. Unsere Himbeerhecken bestehen aus drei Sorten: »Korbfüller«, »Meeker« und »Autumn Bliss«. Die beiden ersten gehören zu den einmal tragenden Sorten. Sie beginnen, Ende Juni zu reifen. Die abgeernteten Ruten müssen dann so schnell wie möglich am Boden abgeschnitten werden, damit die Kraft der Wurzel in die neuen Triebe geht. Bei diesen werden die schwachen und zu dicht stehenden ebenfalls entfernt. »Autumn Bliss« gehört zu den Sorten, die laufend neue Ruten bilden und dadurch bis in den Herbst Früchte liefern. Allerdings haben die späten kein gutes Aroma mehr oder erfrieren. Deshalb schneiden wir diese Sorte im Herbst vollständig bis auf den Boden zurück. Sie muss also im Frühjahr neu austreiben und liefert ziemlich genau dann reife Himbeeren, wenn die frühen Sorten abgeerntet sind. Während andere Beerenarten an einer Pflanze alle gleichzeitig reif werden, bietet ein starker Himbeertrieb über Wochen täglich neue verführerische Früchte.

Profis sorgen dafür, dass Himbeeren – besonders die hoch wachsenden – in einem stabilen Gehege aus mit Drähten verbundenen Pfählen wachsen. Dadurch können die Ruten nicht umfallen. Allerdings müssen Ausreißer immer wieder eingefangen werden. Wir treiben den Luxus, jeder Rute an einem Bambus- oder Miscanthusstab den notwendigen Halt zu geben. Das ist aufwändig, sieht aber fröhlich aus und gibt dem Verbreitungsdrang nach.

Bei ihrer ausschweifenden Lebensweise brauchen Himbeeren etwas unter die Füße. Sie lieben einen mit Humus angereicherten Boden, Feuchtigkeit und Dünger. Üppige Gaben von Kompost und Animalin haben sich bei uns bewährt. Dann werden wir immer wieder reich beschenkt.

Sommerphlox (*Phlox paniculata*), Indianernessel (*Monarda fistulosa*), Pfeifengras (*Molinia arundinacea* »Transparent«), Präriekerze (*Gaura lindheimeri*) und Witwenblume (*Knautia macedonica*)

Hibiscus coccineus

Juli | Jetzt strotzt und protzt der Garten in praller Vielfalt. Es blüht vorn und hinten und wächst nach allen Seiten. Wir würden das Wunder am liebsten nur staunend betrachten, uns vom Duft der Blüten und Blätter gefangen nehmen lassen, hier und da Früchte naschend durch den Garten schlendern, aber das lässt der Ordnungssinn dann doch nicht zu. Die übernommene Struktur der Alten Gärtnerei sowie die von uns gewählten gestalterischen Veränderungen und Betonungen der langen parallelen Beete, Wege, Mauern und Hecken müssen erkennbar bleiben. Die frisch erwachten Blumen sollen in ihrer Schönheit nicht durch verwelkte Blüten und Blätter in der Nachbarschaft gestört werden. Beerensträucher, Steinobstbäume, Salat, Gemüse, Tomaten und Kartoffeln erwarten Würdigung durch Ernte. So schwanken wir im Juli zwischen dankbarem Genuss und entschlossenem Einsatz.

Im Gewächshaus präsentiert die Passionsblume aus eigenem Antrieb und scheinbar unermüdlich ihre eindrucksvollen Blüten. Auch die Pelargonien an der Nordwand blühen fleißig, ohne eine besondere Zuwendung zu erwarten. Endlich öffnet der Sumpfeibisch (Hibiscus coccineus) seine Knospen und beendet damit alle heimlich ironischen Bemerkungen von Besuchern, die in seinen gefingerten Blättern den verbotenen Hanf erkennen wollten. Englische Tafeltrauben hängen schon schwer über der Tür zum Wohnhaus. Die Tomaten färben sich

Feige (Ficus carica)

Tomate »Peccorino«

Tomate Harzfeuer

Tomate, Sorte unbekannt

Tomate Sorte unbekannt

Tomate Rumänische Landsorte (genaue Sorte unbekannt)

laufend rot (oder gelb oder dunkelrot) und beherrschen zunehmend die Mittagsküche. Eine Gurkenpflanze liefert alle paar Tage eine wohlschmeckende Frucht. Der Feigenbaum bereichert täglich das Abendbrot. Eine Melone beginnt ihre runde Frucht aufzupumpen. Ganz zart und verletzlich gibt sich die hellblaue Winde (Ipomoea lindheimeri). Nur hin und wieder öffnet sie zaghaft und selbstverliebt (wenn sie eine Stimme hätte, wäre diese leise und hell) eine fast durchsichtige Blüte. Erstaunt blickt sie morgens in die Welt, um schon mittags durch die Härte des Lebens ermattet in sich zusammenzusinken. Ganz anders verhält sich dagegen der unter den Tomaten von selbst gekeimte Leberbalsam. Leidenschaftlich rangeln die Pflänzchen um die besten Plätze und fügen sich doch zu einer harmonisch wirkenden, blauweißen Gemeinschaft zusammen.

Draußen im inneren Garten hat nun der Phlox auf eigener Bühne seinen vielfarbigen Auftritt. Er verströmt seinen unverwechselbar herben Duft und bildet mit der Idee des Sommers eine untrennbare Einheit. Unsere Choreographie bemüht sich um zeitliche Dehnung. Frühe Sorten werden durch späte abgelöst. Die Frühen können wir, wenn wir die verblühten Blütenköpfe gleich abschneiden, zu einer Nachblüte überreden. Die Phlox-Stars lassen sich gern von Präriekerzen (Gaura lindheimeri) und Witwenblumen (Knautia macedonica) begleiten. Langsam schieben sich die Blütenrispen der Pfeifengräser aus den Horsten und verändern dadurch stetig das Bild. Auf den oberen Wegen blühen Stockrosen. Die ihnen zugedachte Glanzrolle als leuchtende Raketen haben sie bisher noch nicht gefunden. Ist der Boden unter dem Pflaster doch zu schlecht? Die in reicher Zahl aufgestellten Topf- und

Waldrebe (Clematis Hybride »Warszawska Nike«)

Sommerphlox (Phlox paniculata »Linner Sommer«)

Brombeere »Theodor Reimers«

Kübelpflanzen bilden einen vielstimmigen Chor. Waldreben (Clematis viticella »Abundance« und »Alba Luxurians« sowie die Hybride »Warszawska Nike«) umfloren die Giebelwand des Schuppens.

Zur Erfrischung werden wohlschmeckende Pfirsiche angeboten. Es handelt sich um eine besonders früh reifende Sorte, deren Namen wir nicht kennen. Sie präsentiert immer wieder unerwartet früh und dann sehr freigiebig ihre duftigen Früchte. Dankbarer Sofortverzehr wird von ihnen verlangt. Schon am nächsten Tag wollen sie lieber auf den Kompost.

Dieser festlichen Polyphonie des Phloxgartens will der Funkiengarten nicht folgen. Er setzt als Kontrast auf norddeutsch-protestantische Zurückhaltung. In ihm soll das Auge zur Ruhe kommen. Nur kleine

Pfirsich (Prunus persica, Sorte unbekannt)

Jelängerjelieber
(Lonicera caprifolium)

Lilie (Hybride »Casablanca«)

Sommerphlox, Präriekerzen und Aster divaricatus

Ausreißer vom vorherrschenden Weiß werden geduldet. Viele Funkien blühen. Steif und nicht wirklich kommunikativ versucht die Lilie »Casablanca«, gartenkulturellen Anspruch zu verbreiten. Andere Pflanzen geben sich gepflegt ländlich: An den Rankhilfen werden die Brombeeren reif und das neue Beerenspalier hält leckere Überraschungen bereit. Die überall in der norddeutschen Landschaft heimische Rasenschmiele übt vor allem auf Kinder einen unwiderstehlichen Reiz aus, mit ihren Händen in die locker schwebenden Blütenrispen hineinzugreifen oder sie von unten nach oben durch die halb geöffneten Fäuste gleiten zu lassen. Über solche dezenten stillen Angebote kann der

Rotblaugelbgarten nur lachen. Eine auf das Detail achtende Bescheidenheit findet er im Sommer völlig unangebracht. Wer jetzt nicht schwelgt, hat seiner Meinung nach die Jahreszeit nicht verstanden. Schon die Sortierung nach Farbbeeten ist für ihn eine lästige Gängelung, die dazu herausfordert, übertreten zu werden. Aber er muss doch zugeben, dass die lockere Ordnung das fröhliche Durcheinander der internationalen Blumenversammlung vor unübersichtlichem Chaos bewahrt. Tatsächlich sind alle guter Stimmung: Blutweideriche, Dahlien, Duftnesseln, Ehrenpreise, Eisenkräuter, Geranien, Knorpelmöhren, Knöteriche, Kugeldisteln, Mädchenaugen, Monarden, Ochsenaugen, Schafgarben, Schmuckkörbchen, Salbei, Sonnenblumen, Sonnenbräute, Sonnenhüte, Strandflieder, Taglilien und Zieste.

Der an der Südwand zum Wohnhaus wachsende Aprikosenbaum trägt schwer an Hunderten von Früchten. Gute Aussichten für Aprikosenkuchen und Aprikosenmarmelade!

Im Obst- und Gemüsegarten werden Kartoffeln, Salat, Zucchini, Gewürze und Beeren laufend geerntet. Aber auch als Blumengarten kommt er in Schwung. Hier blühen die Stockrosen wirklich prächtig. Phloxhecken bieten sich freigiebig für Blumensträuße an. Schon außerhalb des Zauns erinnert ein großer Bestand von Wegwarten (Cichorium intybus) daran, dass alle Gemüse, so auch der Chicorée, von Wildpflanzen abstammen. Auch verkünden die blauen Blüten an den straff aufrechten

Kugeldistel (Echinops ritro »Veitchs Blue«), Schmuckkörbchen, Dahlie »Bishop of Leicester«, Strandflieder, Eisenkraut und Knöterich (Bistorta amplexicaule)

Agapanthus africanus, Präriekerzen (Gaura lindheimeri) und Oleander

Salbei (Salvia viridis »Oxford Blue«), Strandflieder (Limonium latifolium) und Duftnessel (Agastache)

Stängeln aufmerksame Erwartung und die Einladung, im Garten zusammenzukommen.

Diese einladende Geste ist auch schon im Eingangsbereich zu finden. Die aus zehn Kübeln bestehende Agapanthus-Reihe hat – sage und schreibe – fünfundachtzig Blütenstände gebildet, die jeden Besucher wie einen besonderen Gast empfangen. Im Gewimmel des Foyers verschaffen sie sich ganz selbstverständlich Geltung. Als hätten sich Musiker und Schauspieler schon im Foyer unters Volk gemischt, erzeugen Sommerphloxe und Präriekerzen in den Eingangsbeeten und verschiedene andere Topf- und Kübelpflanzen im Blumenregal und auf dem Vorplatz eine bunte, erwartungsvolle Atmosphäre.

In Haus stehen jetzt immer große Blumensträuße aus dem Garten.

Sommerphlox, Fenchel und Stockrosen, darüber Knorpelmöhre (Ammi visnaga), Sonnenauge (Heliopsis helianthoides var. scabra) und Blutweiderich (Lythrum salicaria)

»Aprikose von Nancy«

Gartenküche | Es ist Teil unserer Gartenphilosophie, in den Sommermonaten überwiegend aus dem Garten zu leben. Das ist in der Regel unspektakulär alltäglich: Mittags werden ein paar Kartoffeln ausgegraben und gekocht. Dazu gibt es Möhren mit Petersilie, Bohnen mit Bohnenkraut, Zucchini mit französischem Estragon oder Erbsen. Vorher wird vielleicht ein Romana-Salat mit Brunnenkresse oder eine frisch hergestellte, aromatische Tomatensuppe mit Basilikum gereicht. Zum Nachtisch gibt es Himbeeren. Abends kommen Feigen, Weintrauben, Tomaten oder bunte Beeren auf den Tisch.

Langeweile wird mit Radieschen, Kohlrabi, Gurken, Paprika, Spinat und Mangold, Aprikosen, Pfirsichen, Pflaumen und Äpfeln vermieden.

Neben diesem Normalfall steigen wir bei besonderen Gelegenheiten in aufwändigere Küchenrezepte ein. Gewiss wären diese auch mit Produkten aus dem Supermarkt herzustellen, aber der Garten als Quelle von Gemüsen, Gewürzen und Früchten verleiht ihnen jeweils eine außergewöhnliche Aura und oft auch eine unvergleichliche Qualität.

Das beginnt schon im Frühling mit Rhabarber. Auf italienischen Frühlingsmärkten wird diese alte Kulturpflanze ganz jung, zart und kurzstielig angeboten. Bei uns dagegen bestimmen offenbar vor allem die Länge und die Dicke der Stiele den Marktwert. Es ist deshalb noch keine Hexerei, wenn der von Wolfram Siebeck empfohlene Rhabarber-Ingwer-Quark bei uns besonders gut schmeckt. Wir eifern bei der Ernte einfach den Italienern nach.

Ein weiteres, den Garten einbeziehendes Beispiel sind (ebenfalls bei Siebeck entlehnte) kleine gefüllte Tomaten. Die Füllung besteht im Wesentlichen aus durchgedrehtem, mit Knoblauch gewürztem Lammfleisch, Bulgarischem Schafskäse und Basmatireis. Das muss man (vielleicht mit Ausnahme des Knoblauchs) alles kaufen, aber die Tomaten bringen den Unterschied. Sie sind am selben Tag herb und süß duftend im Garten geerntet. Wenn sie sich dann im Backofen mit den anderen Ingredienzen verbunden haben, liegt das Paradies ganz nah.

Lobende Anerkennung findet bei Gästen stets unsere Gurkensuppe mit Lachs. Das Rezept verdanken wir ebenfalls dem Altmeister der Kochkultur. Die Zutaten sind durchaus bieder: Hühnerbrühe, Gurke, Curry, Dill und Lachs. Aber als Gurken verwenden wir im Sommer eben nicht die langen, geraden, eingeschweißten Dinger aus dem Supermarkt, sondern die bei uns im Gewächshaus gewachsenen. Schon für sich wirkt die Suppe erstaunlich nobel. Die im Gewächshaus gedeihenden Gurken verleihen ihr dazu eine delikate, ländliche Note.

Die Beispiele ließen sich mit Rote-Bete- oder Dicke-Bohnen-Peccorino-Salat, frischer Erbsensuppe, Grünkohlgemüse, Erdbeer-Parfait, Sauerkirschkuchen, dunkelrotem Quittengelee und anderen besonderen Küchengenüssen noch eine ganze Weile so fortsetzen. Wenigstens die ziemlich freie Erfindung eines Himbeerkuchens soll hier noch genannt sein. Er lässt bereitwillig zu, die soeben gepflückten Himbeeren auf einer Mürbeteigunterlage dekorativ zu ordnen oder mit lockerer Hand zu verstreuen. Eine Sahne-Joghurt Mischung gibt dem Kunstwerk in jedem Fall den nötigen Halt und verbindet die Zutaten zu einem köstlichen Gaumenschmaus.

im Vordergrund Blumenlauch (Allium tuberosum »Kobold«)

Ludwigia arcuata

August | Was für ein merkwürdig übertreibender Gartenmonat ist der August. Wir befinden uns im Zustand des erschöpften Genießens. Zwar ahnen wir bereits das Ende des Sommers, aber wir versuchen, die Ahnung zu verdrängen. Zur Kennzeichnung dieses zwiespältigen Gefühls ergänzt der polnische Dichter Bruno Schulz in seinem Buch »Die Zimtläden« (1934) den August durch einen dreizehnten Monat, fügt »weiße, erstaunte und überflüssige Tage« hinzu. Und Gottfried Benn beschreibt in seinem Gedicht »Einsamer nie -« den August als »Erfüllungsstunde«.

In diesem Jahr ist das Wetter oft schwül und heiß. Die Hitze setzt uns zu. Tagsüber ziehen wir uns gern ins Haus zurück. Die häufigen Gewitterregen lassen die Vegetation kräftig wachsen. Der Rasen schießt, das Unkraut sprießt, der Regen gießt, der Gärtner aber liest oder würde gern lesen. Das lässt der Garten jedoch auch wieder nicht zu. Er fordert nach wie vor Einsatz. Nach jedem Regen sind die Blumen beleidigt. Sie wollen gestützt und ermutigt werden, weiter fröhlich in die Welt zu blicken. Sind sie verblüht, lassen sie sich nur durch einen Rück-

Sonnenhut (*Rudbeckia fulgida* var. *sulivantii* »Goldsturm« und *R. hirta*)

schnitt zu einer Nachblüte bewegen. Zudem bleiben wir selbst pingelig. Vergilbte Blätter lassen wir jetzt noch nicht zu. Immer wieder eilen wir hinaus, um zu ordnen, zu schneiden, zu fegen und zu krauten. Auch die Fabel von der Grille und der Ameise fällt uns ein. Vorausschau ist erforderlich; denn jetzt müssen wir die Saat, beispielsweise von Stockrosen, Silbertalern, Mohn und Ackerrittersporn, sichern. Täglich möchten die Tomaten geerntet werden. Garteneinladungen häufen sich und so auch die Blumensträuße, die als Geschenk mitgenommen werden.

im Vordergrund Mönchspfeffer (Vitex agnus-castus)

Im Gewächshaus leuchten vor allem die Tomaten. Die Tafeltrauben baumeln jetzt prall unterm Gewächshausdach und die in Gelb reifende Melone ist nicht zu übersehen. Fällt sie gleich runter? Der Sumpfeibisch (Hibiscus coccineus) knallt seine weit geöffneten roten Blüten in den gläsernen Himmel und verschüchtert damit die Bougainvillee, die nicht mehr so recht weiß, ob sie angesichts dieser demonstrativen Kraftmeierei überhaupt noch weiterblühen soll. Asarinen, Leberbalsam, Ludwigie und Passionsblume lassen sich von dieser Auseinandersetzung nicht beeindrucken und öffnen eifrig Blüte um Blüte. Die neue, im Frühjahr gepflanzte Rose »Maréchal Niel« entwickelt lange, Hoffnung weckende Triebe. Die alte kranke sieht es mit Sympathie, lässt selbst noch ein paar frische Blätter sprießen und zeigt nachblühend dem Kind, wie es sich im nächsten Jahr schmücken soll.

Große Nervosität herrscht im Phloxgarten. Dort haben schon in den letzten Jahren immer mal wieder sommerliche Veranstaltungen stattgefunden. In diesem August erwartet er eine Lesung mit Gitarrenbegleitung. Etwa siebzig Zuhörer haben sich angekündigt. Werden die Phloxe dann überhaupt noch blühen? Und wenn nicht, was hat der Garten stattdessen zu bieten? Werden wenigstens die Präriekerzen (Gaura lindheimeri) durchhalten und die großen Gräser wirkungsvolle Vorhänge bilden? Sieht ein Teil der Topf- und Kübelpflanzen nicht jämmerlich aus? Werden etwa nur die Sitzhocker bunt sein? Müssen wir noch etwas dazukaufen? Was machen wir, wenn es regnet?

in Töpfen Leberbalsam (Ageratum houstonianum »Heavenly Blue« und Präriekerzen (Gaura lindheimeri »Karoly White«)

Der Funkiengarten dagegen übt sich weiterhin im Gleichmut kühler Zurückhaltung. Die großen Lilien und die meisten Funkien sind verblüht. Leider haben ihnen die Schnecken stark zugesetzt. Die Krötenlilien drängen sich niemandem auf und warten auf den Prinzen, der ihre bezaubernde Blütenschönheit erkennt. Rankrosen und reife Brombeeren lassen an Dornröschen denken und verstärken die märchenhafte Atmosphäre. Nur wenn die Enkelkinder in ihren Sommerferien einfallen, finden im Bereich um das Wasserbecken turbulente und geräuschvolle Badeszenen statt.

Danach sitzen wir dann im benachbarten Rotblaugelbgarten beim Tee oder Abendbrot in großer Runde, lassen den kleinen Springbrunnen plätschern und hoffen als Gärtner, dass die Augen der Kinder die Schönheit und die Vielfalt der Natur wahrnehmen und ihre Eindrücke unauslöschlich in ihr Gedächtnis aufnehmen werden. Denn dieser Gartenteil gibt sich weiterhin verschwenderisch. Viele verschiedene Blütenformen und -farben sind zu bewundern. Vor allem die einfach blühenden Dahlien, aber auch Blutweiderich, Duftnesseln, Eisenkraut, Knorpelmöhre, Knöterich, Sonnenhüte, Strandflieder und Wachsglocken ern-

Duftwicke (Lathyrus odoratus)

Phlox »Weißer Riese«

ten viel Lob. Bienen und Hummeln summen und brummen. Die Rückenschwimmer rudern im Wasserbecken um die Wette. Schmetterlinge flattern hin und her. Eine schillernde Libelle – dem Seerosenbecken im Phloxgarten frisch entschlüpft – beeindruckt mit ruckartig ausgeführten Flugübungen. Die Äpfel der Goldparmänen bekommen schon rotgoldene Backen.

Der Obst- und Gemüsegarten beliefert die Küche zuverlässig. Die dicken späten Himbeeren werden jetzt laufend reif. Bohnen, Mangold, Möhren, Rote Bete und Salat könnten jederzeit geerntet werden. Wie freundliche Hirten wachen Sonnenblumen darüber, dass nichts verloren geht, und machen uns darauf aufmerksam, wenn eine Zucchinifrucht zu dick zu werden droht.

Schon in den letzten Tagen des Julis ist die Obstwiese mit der Sense gemäht worden. Das Heu wurde als Mulch um die Baumstämme aufgeschichtet. Dadurch ist ein völlig neues Bild entstanden und der Bereich ist jetzt auch nutzbar. Bei der Abschluss-Veranstaltung unseres Gartenprojekts mit den Hortkindern saßen wir an einem langen Tisch im Schatten der Obstbäume und stellten bunte Blumensträuße für die Eltern zusammen, übten dabei klangvolle Namen wie Beifuß, Flammenblume, Goldrute, Knorpelmöhre und Rainfarn, beschenkten uns gegenseitig und erinnerten uns – Salz-

Fenchel (Foeniculum vulgare)

Mangold
(Beta vulgaris)

stangen knabbernd und Apfelschorle trinkend – an die zurückliegende gemeinsame Zeit, an Samenkörner und Stecklinge, Erde und Wasser, Küchen- und Teekräuter, Erbsen und Möhren, Himbeeren und Stachelbeeren, Kartoffeln und Tomaten.

Jetzt endlich wird zwischen Hauszwetschge und Mirabelle die Hängematte befestigt. Haben wir nun also doch Zeit zum Träumen?

Noch nicht; denn zunächst einmal muss dringend der Eingangsbereich durchgesehen werden. Er sieht ziemlich verlottert aus. Verblühte Blumen verbreiten Herbststimmung. Durch den Regen sind die Gaura-Pflanzen wie im Streit übereinander hergefallen und bedürfen der Schlichtung. Das aus allen Ritzen schießende Habichtskraut lässt seine Flocken schweben, wäre aber nach einem Rückschnitt glatt bereit, noch einmal neue Blütentriebe auszubilden.

Erst im dreizehnten Monat werden wir uns in die Hängematte legen.

Präriekerze
(Gaura lindheimeri)

Gartengäste | Die Wohnfläche unseres Hauses ist eher klein. Viele Gäste könnten wir dort nicht empfangen. Aber zusammen mit Gewächshaus und dem Garten entsteht ein weitläufiger Salon, in dem sich schon viele Menschen drängelten. Das gemischte Raumangebot mildert die Abhängigkeit vom Wetter und es entfaltet alle Stärken, über die Gärten allgemein verfügen, wenn es um zwang-

loses Beisammensein geht. Es ermöglicht Bewegung, Gruppenbildung und Vereinzelung. Die Neugierde auf eine individuelle Aura wird bedient und zugleich das Gefühl des unzulässigen Eindringens in einen privaten Bereich vermieden. Der Gartensalon bietet Gesprächsstoff, der zunächst an der Oberfläche bleibt, aber wie von selbst viele Anknüpfungen zulässt. Das haben wir in den letzten Jahren bei zahlreichen Feiern innerhalb unserer großen Familien sowie mit Freunden und Bekannten immer wieder mit Freude erlebt.

Am Anfang haben wir befürchtet, dass unser Garten diese Aufgabe nur unzureichend erfüllen könnte, weil er ja keine große Rasen-, Terrassen oder Hoffläche vorweisen kann. Aber es hat sich herausgestellt, dass die verschiedenen Sitzplätze gute Voraussetzungen dafür bieten, sich in kleineren Gruppen zusammenzufinden. Zudem laden die langen Wege zum Flanieren ein und erleichtern damit auch den Wechsel von Gruppe zu Gruppe. Das erweist sich auch an den Tagen der Offenen Pforte als Vorteil. Niemand muss Angst davor haben, aus Höflichkeit nicht wieder aufstehen zu können. Niemand muss in Sorge sein, einen einmal eroberten Platz auf Dauer zu verlieren.

Die besondere Struktur des Gartens lässt auch außergewöhnliche Einlagen zu. Zweimal haben Floriana Sommerauer und Luise Wickert (WISO SOWI)

Ralph König, Tobias Kunze und Vroni Kiefer, »An Anna Blume – Vorwärts nach weit«, August 2014

Modenschau 2006

Performance Künstlerin Ursula Wagner, 2007

bei uns zu Modenschauen eingeladen. An einem runden Geburtstag lief plötzlich die Tänzerin Ursula Wagner wirkungsvoll über die Zinkdächer der Schuppen. Sie zwang damit die Erwachsenen, ihre Gespräche zu unterbrechen und sich für die Schönheit des Gartennachmittags begeistern zu lassen. Sie brachte damit allerdings auch die Kinder in Bewegung, die nun natürlich ebenfalls über die Dächer steigen wollten.

Eine besondere Herausforderung sind öffentliche literarische und musikalische Veranstaltungen, die wir zusammen mit dem Kulturbüro der Stadt Hannover im Rahmen der Gartenregion und des Kultursommers der Region Hannover schon mehrfach bei uns im Garten durchgeführt haben. In diesem Jahr trugen nach einem Konzept von Elke Oberheide unter der Überschrift »An Anna Blume – Vorwärts nach weit« zwei Rezitatoren (Tobias Kunze und Vroni Kiefer) Gedichte und Texte verschiedener hannoverscher Autoren vor, die sich in ihren Arbeiten auf Kurt Schwitters als Inspirationsquelle berufen. Auftakt und Schlusspunkt bildete das berühmte Merzgedicht. Ralph König strukturierte die Rezitationen mit einfühlsamer Gitarrenmusik. Die Gäste saßen dichtgedrängt. Das Wetter war durchwachsen. Besorgte Blicke wanderten zum bewölkten Himmel. Aber dann kam doch noch die Sonne durch. Die Gesichter entspannten sich. Rede, Musik und Garten fügten sich zu einem wundersamen Dreiklang zusammen.

Villa-Lobos-Duo mit Sven Holger Phillipsen (Violoncello) und Boyan Karan Juloff (Klassische Gitarre), 2009

Wandelröschen (*Lantana camara*) und Sonnenhut (*Rudbeckia triloba*)

Krötenlilie (Tricyrtis hirta)

September | Nicht unerwartet und doch plötzlich ist der Herbst da. Morgens hängt Dunst in der Luft. Das Licht wird milchig, die Sonne wärmt mild. Die Tageslänge hat sich stark verkürzt. Wenn wir morgens aufstehen, dämmert es noch. Abends fällt ziemlich früh der Vorhang. Der Garten beginnt, sich herbstlich zu schminken. Frisches Grün wird durch müdes ersetzt. Braune Grundtöne beeinflussen das Bild. Davor aber leuchten nach wie vor die Blumen. Wir erkennen die Zeichen des fortschreitenden Verfalls, stemmen uns nicht dagegen, sondern nehmen die Stille und die nachlassenden Ansprüche der Pflanzen dankbar hin. Der Antrieb, stetig steu-

Fette Henne (Sedum spectabile)

im Vordergrund Bleiwurz (Ceratostigma willmottianum)

Weinrebe »Muscat Alexandria«

Gemüsepaprika
(Capsicum annuum var. grossum)

ernd einzugreifen, geht uns verloren. Mag doch ruhig alles etwas verlottert aussehen. Zwar laden wir jetzt im Rahmen der Offenen Pforte in unseren Garten ein, aber die Besucher werden schon wissen, dass der September kein Frühlingsmonat ist, und hoffentlich gern mit uns gemeinsam den langen Abschied vom Gartenjahr feiern.

Zu dieser Feier bietet die Natur neben den Blumen noch viele Früchte an. Zum Beispiel sind im Gewächshaus die Tafeltrauben reif. Vor allem die grüne »Muscat Alexandria« schmückt und bereichert mit ihren dicken süßen Beeren täglich die Mahlzeiten. Die Paprikaschoten malen sich rot an. Der Feigenbaum ruft zur zweiten Ernte. Die Tomatenpflanzen sehen schon etwas zerrupft aus, aber an reifen Früchten ist kein Mangel. Es hat sich bewährt, sie nicht nur in einem Schub so früh wie möglich zu kultivieren, sondern bis in den Mai hinein aus-

Krötenlilie (Tricyrtis hirta)

Fette Henne (Sedum spectabile)

zusäen. Immer noch blüht auf dem Pflanztisch die Passionsblume. Allerdings färben sich schon viele Blätter gelb und unter die Blüten mischen sich mehr und mehr die wattigen, gelben Früchte. Der Sumpfeibisch (Hibiscus coccineus) hat sich mit seiner Angeberei übernommen und hängt in den Seilen. Die Bougainvillee steht als blühende Siegerin da. Leberbalsam in Weiß und Blau – wunderbar für Blumensträuße geeignet – blüht üppig unter den Tomaten- und Paprikapflanzen. Ärger machen die Schildläuse am Lorbeer. Sie behelligen mit ihren klebrigen Ausdünstungen auch die benachbarte Schusterpalme. Hier helfen nur noch scharfer Rückschnitt und Spritzen mit »Provado«. Das Saatbeet erlebt eine kleine Renaissance; denn jetzt ist eine gute Zeit, Stecklinge von Salbei und Winden für das nächste Jahr zu schneiden.

Dahlie »Bishop of Leicester«

Herbtsaster

Cyclamen hederifolium

Früher als in anderen Jahren haben sich die Sommerphloxe verabschiedet. Auch die späten Sorten wie »Herbstwalzer« und »Hesperis« sind schon dahin. Hier und da öffnen sich noch Nachblüten. Im Phloxgarten werden deshalb die Herbstastern sehnsüchtig erwartet. Als sichere Blickfänge treten weiße Lobularien und verschiedene Salbeiarten (vor allem Salvia curviflora, die prächtige S. involucrata und die Hybriden »Amistad« und »Mystic Spire«) hervor. Üppig präsentiert sich nach wie vor die Topfreihe aus blauem Leberbalsam und weißer Gaura auf der Mauer am langen Wasserbecken. Fast zu mächtig und raumgreifend wirken die großen Pfeifengräser (Molinia arundinacea »Transparent«). Die zusätzliche Berankung der Glyzinienlaube mit der indischen Trichterwinde (Ipomoea indica) und der großen Asarine (Asarina erubescens) erweist sich als eine gelungene Bereicherung. Niedlich und bescheiden wirken im Vergleich dazu die jetzt blühenden Cyclamen (Cyclamen hederifolium) zu Füßen der Glyzinie und dicht vor der Glastür am Wohnhaus.

Salbei (Salvia »Amistad«), darüber Funkien (Hosta) und Anemone x japonica »Honorine Jobert«

Leberbalsam (Ageratum), Präriekerzen (Gaura), Sommerphlox und Pfeifengras

Aster cordifolius, Salvia »Amistad«, Dahlien »Bishop of Llandaff« und und »Bishop of Leicester« sowie Knöterich (Bistorta amplexicaule)

Rose »Schneewittchen« und Eisenkraut (Verbena bonariensis)

Im stillen Funkiengarten blüht die empfindsame weiße Herbstanemone (Anemone x japonica »Honorine Jobert«) zum ersten Mal einigermaßen überzeugend. Auch die farblich zurückhaltende, bezaubernde Krötenlilie (Tricyrtis hirta) hat sich zu einem bemerkenswerten Auftritt entschlossen. Sie fühlt sich endlich erkannt, nachdem Besucher der Offenen Pforte sie als Orchidee bezeichnet haben. Im Rankhimmel sind die Brombeeren inzwischen abgeerntet. Wenn die alten Ruten abgeschnitten sind, wird es vorübergehend licht. Bei den Ramblerrosen treten allmählich die Hagebutten rot hervor. Die tapfere Rose »Smarty« wartet mit einem neuen, zarten Blütenflor auf.

Reichen Apfelsegen hatte die Goldparmäne im farbfreudigen Nachbargarten versprochen. Aber die frühen roten Backen weisen leider auf einen starken Befall durch Obstmaden hin. Wir nehmen uns vor, im nächsten Jahr die Pheromon-Fallen früher aufzuhängen. In den Beeten singt der Blumenchor zwar immer noch nach Farben getrennt, aber im Zusammenspiel fließt doch alles in einen großen, harmonischen Schlusschor zusammen. Wirkungsmächtig darin sind Blumenlauch (Allium tuberosum »Kobold« und »Monstrum«), Dahlien der Bischoffsserie, Eisenhut (Aconitum carmichaelii »Arendsii« und »Mittelsstand«), Eisenkraut (Verbe-

Apfel »Goldparmäne«

na bonariensis), Fette Hennen (Sedum spectabile und S. Hybride »Matrona«), Goldrute (Solidago rugosa), Herbstastern (Aster ageratoides »Asran«, A. ericoides »Hug« und A. cordifolius »Blue Heaven«), Katzenminze (Nepeta racemosa »Snow Flake«), Knöterich (Bistorta amplexicaule), Prunkwinde (Ipomoea indica), Salbei (Salvia Hybride »Mystic Spire« und »Amistad«), Silberkerzen (Cimicifuga simplex »White Pearl« und »Brunette«), Sonnenblume (Helianthus microcephalus), Sonnnenhut (Rudbeckia fulgida var. deamii und Rudbeckia triloba) und Wachsglocke (Kirengeshoma palmata). Für die musikalische Grundierung sind die Gräser zuständig: Hirse (Panicum virgatum), Lampenputzergras (Pennisetum compressum) und Tautropfengras (Sporobulus heterolepis). Sie werden dabei von den bereits trockenen Fruchtständen von Kugeldistel (Echinops ritro »Veitch's Blue«), Strandflieder (Limonium latifolium) und Ziest (Stachys monieri »Hummelo«) wirkungsvoll unterstützt.

Durch das relativ feuchte Wetter hat sich die Wiese im Obst-und Gemüsegarten nach Sensenschnitt und regelmäßiger Befahrung mit dem Elektromäher in einen veritablen Rasen verwandelt. Die Kalkung im Frühjahr hat Wunder gewirkt. Das üppig wuchernde Moos hat sich weitgehend verzogen. Die beiden Apfelbäume (»Berlepsch« und »James Grieve«) haben uns auf das nächste Jahr vertröstet.

Birnenquitten (Cydonia oblonga »Beroczi«)

Kürbis (*Cucurbita pepo* »Hokkaido«)

Aber die Hauszwetschge liefert dicke wohlschmeckende Früchte. Zwar fallen die meisten durch Maden- und Pilzbefall zu Boden, aber für Mundraub und Pflaumenmus bleibt noch genug übrig. Am hinteren Zaun macht die Birnenquitte auf sich aufmerksam, indem sie ihre bisher im Laubwerk versteckten grünen Früchte gelb anmalt. Weithin leuchten sie nun und erinnern an Friedrich Hebbels Gedicht »Romantisches Herbstbild«. Einen Effekt der besonderen Art hat sich der Hokkaido-Kürbis ausgedacht, der auf einem der älteren Komposthaufen wächst. Nachdem er am Anfang von Schnecken fast vernichtet worden war, konnte er sich (mit Hilfe von Schneckenkorn) doch noch auf den Weg machen, hat nun die benachbarten Gehölze überwachsen und die Kürbisse hängen wie Laternen im Gebüsch. Man müsste sie bis Halloween dort hängenlassen, könnte sie dann aushöhlen und beschnitzen, um mit von innen beleuchteten Gesichtern die Existenz von Gespenstern zweifelsfrei zu beweisen. Jeder würde sofort vermuten, dass der benachbarte Friedhof für diesen Grusel verantwortlich ist.

Im Übrigen lässt dieser Gartenteil jetzt locker. Tomaten und Zucchini können noch geerntet werden. Unverbindlich haben Grünkohl, Rosenkohl und Sellerie zugesagt, ihren Blättern, Knospen und Knollen noch etwas mehr Masse zu geben. Vielleicht säen wir auf den leeren Kulturflächen noch Gründünger ein. Undiszipliniert blühen Dahlien, Ringelblumen, Sonnenblumen und Wasserdost. Sie geben sich bereitwillig für Blumensträuße her.

Duftwicken (Lathyrus odoratus), Ringelblumen (Calendula officinalis) und Sonnenblumen (Helianthus annuus)

Am Eingang haben wir die Wandelröschen durch Ausbrechen der verblühten Blumen erfolgreich verführt, weiter zu blühen. Sie haben, da die anderen Topf- und Kübelpflanzen ihre Blühtätigkeit bereits zurückgefahren oder eingestellt haben, jetzt ihren großen Auftritt. Ihre zurückhaltenden Mischfarben passen wunderbar zu der frühherbstlichen Stimmung.

Das große Eingangsbeet muss sich Diskussionen über seine Zukunft gefallen lassen. Wir wollen dort im Frühjahr etwas Neues schaffen, denken, auch um den Aufwand überschaubar zu halten, an Großstauden wie Wasserdost, Herbstastern, große Sommerphloxe und andere robuste Stauden.

Die in großer Zahl aus allen Ritzen des langen Eingangsbeetes hervorgetretenen Präriekerzen (Gaura lindheimeri) haben eine lange, fulminante Tanzformation gebildet. Jeder Besucher wird von diesem Schlussauftritt überwältigt und empfindet doch zugleich: Ja, dieser Sommer wird bald vorbei sein. Eine lange, dunkle Zeit wird folgen. Aber im nächsten Jahr werden wir uns wiedersehen.

Hauszwetschge, darüber Grünkohl und Fenchel

Offene Pforten | »The National Gardenscheme« in Großbritannien ist inzwischen eine altehrwürdige Einrichtung. 1927 gegründet, öffnen darin jedes Jahr überwiegend private Gartenbesitzer ihre Gärten für Gäste. In England, Wales und Schottland sind heute ungefähr 4000 Gärten daran beteiligt und das jährlich herausgegebene »The Yellow Book« hilft den Besuchern zuverlässig, zum richtigen Zeitpunkt am richtigen Ort zu sein. Das für den Eintritt erhobene Entgelt wird sozialen Einrichtungen zur Verfügung gestellt.

Wenn wir uns auf Reisen durch England solche Gärten ansahen, waren wir jedes Mal von der heiteren Atmosphäre begeistert. Wir staunten über die Individualität der Gärten, die vielen Besucher und über die intensive Kommunikation, mit der die Gäste nicht nur ihre Kennerschaft verrieten, sondern auch ihre Zugehörigkeit zu einer großen Gemeinschaft zum Ausdruck brachten.

Das national organisierte englische Modell ließ sich nicht ohne weiteres auf Deutschland übertragen. Aber 1991 wagten wir es, gemeinsam mit Ruth und Peter Hübotter und anderen, in der Region Hannover eine vergleichbare Initiative zu starten. »Die Offene Pforte – Gärten in und um Hannover« feiert in diesem Jahr ihr silbernes Jubiläum. Mit zuletzt über 200 Teilnehmern hat sie sich erfreulich entwickelt und bildet heute ein wesentliches Element

des gartenkulturellen Lebens in der Region. Zudem hat sich die Idee inzwischen überall in Deutschland verbreitet. Wenn man alle regionalen Initiativen in den Bundesländern mit ihren Angeboten zusammenrechnet, kommt man inzwischen auf eine ähnliche Gesamtzahl wie in Großbritannien.

Wir haben uns von Anfang an mit unserem Garten an der Aktion beteiligt. Abgesehen davon, dass eine von uns die Aktion fünfzehn Jahre lang auch organisatorisch betreut hat, stellte sie sich für unser eigenes Gartenleben als äußerst anregend heraus. Da jeder mitmachen kann, sind bei Besichtigungen überraschende neue Erkenntnisse beinahe garantiert. Gewiss gefällt nicht jeder Garten, aber aus der vergleichenden Betrachtung ziehen wir fast immer unerwarteten Gewinn. Es gibt Lieblingsgärten und Lieblingsgastgeber und aus zunächst oberflächlichen Kontakten sind echte Freundschaften entstanden. Natürlich spielt dabei das gemeinsame Garteninteresse eine wichtige Rolle, aber die Bindungen gehen dann doch weit darüber hinaus.

Wenn unsere Alte Gärtnerei sprechen und reisen könnte, würde sie das vermutlich auch so sehen; denn in ihrer Qualität hat auch sie durch die Kontakte ungemein gewonnen und ihr Pflanzeninventar hat eine unverwechselbare Stärkung und Klärung erfahren. Man könnte befürchten, dass der intensive Austausch allmählich zu einer Gleichschaltung aller Gärten führt, aber nach unserem Eindruck ist eher das Gegenteil der Fall. Indem wir andere Gärten betrachten und mit den Gartenbesitzern reden, werden wir uns unserer eigenen Einstellung und – in unserem Fall der Besonderheit einer Alten Gärtnerei – erst richtig bewusst.

Funkien (Hosta), Hortensie (Hydrangea macrophylla), Tüpfelfarn (Polypodium vulgare) und Glockenrebe (Cobaea scandens)

Begonia x semperflorens »Dragon Wing F1« und Pelargonium peltatum

Oktober | Oktober ist der Monat der zufriedenen Erfüllung, zugleich aber auch der geschäftigen Vorsorge für die kalte Jahreszeit und der staunenden Aussicht auf den Frühling. Die Pflanzennatur bietet noch einmal ein Feuerwerk von Farben auf, malt nicht nur die Blumen bunt, sondern auch Blätter und Früchte. Voller Dankbarkeit nehmen wir diese vergoldeten Geschenke entgegen, freuen uns über den Herbstzauber, sitzen gern müßig und still in der Mittagssonne und überlegen, ob wir den Termin für die Offene Pforte im nächsten Jahr in diesen Monat legen sollten. Vergleichend betrachten wir Fotos des Gartens vom Frühjahr und können kaum glauben, zu welcher Prachtentfaltung die in jener Zeit noch kahl wirkenden Gartenräume fähig waren.

Andererseits ergreift uns unruhige Vorausschau. Noch vor den ersten frostigen Nebeltagen muss dies und das erledigt werden, wollen zum Beispiel die empfindlichen Kübelpflanzen ins Gewächshaus. Das Haus selbst muss gesäubert und repariert werden, bevor es sich den schützenden Mantel aus Noppenfolie überwirft. Dafür sind milde, trockene Oktobertage bestens geeignet. Auch die Tiere werden offenbar von dieser Nervosität erfasst. Der Igel läuft eiliger als sonst über die Obstbaumwiese. Der Zaunkönig überprüft in hüpfendem Flug die Spinnennetze in den Gartenbuden. Die Spatzen streiten sich über das beste Winterquartier. Gestern erschien sogar ein Wiesel in der Bibliothek, besah

Fuchsie (Fuchsia magellanica)

Wilder Wein (Parthenocissus tricuspidata »Veitchii«)

Herbstastern, Pfeifengras (Molinia arundinacea »Transparent«) und Duftsteinrich (Lobularia maritima)

sich neugierig die Bücher und verschwand wieder ins Gewächshaus. Es erinnerte uns sehr konkret daran, rechtzeitig vor der Kälte alle in der Nachlässigkeit des Sommers entstandenen Löcher und Spalten zu stopfen. Durch seine unerwartete Erscheinung öffnete es aber auch eine Tür zu mythologischen Gefilden. Das Wiesel verbindet sich darin mit Fruchtbarkeit und so bekräftigte das lebendige Tier ungewollt, dass jedem Ende eines Gartenjahres doch immer zugleich der Anfang eines neuen innewohnt. Denn jetzt müssen die reichlich eingekauften Blumenzwiebeln in die Erde gesteckt werden, wenn sie den nächsten Frühling besingen sollen. Jetzt würden Stauden, die nicht mehr am richtigen Platz stehen oder zu groß geworden sind, am liebsten umziehen, um im nächsten Jahr am neuen Standort und mit neuem Mut loslegen zu können. Jetzt bereits zeigen die Kamelien und die subtropischen Salbeiarten dicke Blütenknospen. Jetzt wird es höchste Zeit, von frostempfindlichen Arten Stecklinge zu schneiden, damit sie noch vor Dunkelheit und niedrigen Temperaturen Wurzeln bilden können.

Fette Henne (Sedum spectabile) und Salbei (Salvia »Amistad«)

Rasenschmiele (Deschampsia cespitosa)

Königsfarn (Osmunda regalis)

Geranium »Rozanne«

Lampenputzergras (Pennisetum compressum) und Salbei (Salvia »Mystic Spire«)

Salbei (Salvia elegans)

Eisenhut (Aconitum carmichaelii »Mittelstand«)

Glockenrebe (Cobaea scandens)

Im Gewächshaus verändert sich das Bühnenbild fast vollständig. Tomaten- und Paprikapflanzen werden abgeräumt. Die Passionsblume wird radikal zurückgeschnitten. Sie muss nun bis zum nächsten Mai unter dem Tisch warten. Die Weinreben färben ihre Blätter gelb und verschenken ihre letzten Trauben. Auch die Feige lässt noch einige Früchte reifen. Ihre vor Blicken schützenden Blätter fallen raschelnd zu Boden. Den scharfen Rückschnitt kann sie zunächst nicht verstehen. Sie verweist auf die vielen kleinen Fruchtansätze, die dabei vernichtet werden. Wir versuchen, ihr zu erklären, dass sie durch die Glasscheiben nicht hindurchwachsen kann. Ende des Monats wandern die ersten Kübelpflanzen ins Haus. Sie wirken verschüchtert. Nur die hohen Salbeiarten (Salvia gravida, S. gesnerifolia und »Costa Rica Blue«) und die Asiatische Buddleje (Buddleia asiatica) freuen sich schon auf die kurzen Tage, weil sie dann anfangen wollen zu blühen.

Im Phloxgarten liebäugeln wir mit einem Großeinsatz. Im Laufe der Jahre sind die Beetflächen durch Wurzelwerk und Kompostgaben immer mehr nach oben gewachsen. Der Betonweg liegt deutlich niedriger. Das macht das Wässern im Sommer zu ei-

Goldrute (Solidago caesia), Dahlie »Bishop of York« und Silberkerze (Cimicifuga simplex »Brunette«)

Kapuzinerkresse (Tropaeolum majus) und Mangold (Beta vulgaris), darüber Herbstastern

ner Geduldsprobe. Viel Wasser fließt einfach nur in den Weg. Deshalb wollen wir alle Pflanzen ausgraben, bei dieser Gelegenheit teilen und neu gruppieren. Dabei werden wir Erde herausnehmen und so die Beethöhe absenken. Der Start fällt schwer, nicht nur weil es dann kein Zurück mehr gibt, sondern auch, weil der Garten noch so schön aussieht, weil Herbstastern (vor allem Aster ericoides »Pink Star« und »Blue Star«) und Präriekerzen (Gaura lindheimeri) noch so wundervoll blühen, weil sich die großen Bulte des hohen Pfeifengrases (Molinia arundinacea »Transparent«) noch so prachtvoll in Szene setzen. Werden der rot gefärbte Wilde Wein an der Saunabude und die immer noch üppig blühenden, mit Salvien, Leberbalsam und Präriekerzen bepflanzten Töpfe den Eingriff auch nur einigermaßen ausgleichen können?

Als würde er die Entscheidung erleichtern und den Phloxgarten vertreten wollen, gibt der Funkiengarten seine Zurückhaltung auf und kostümiert sich farbenfreudig. Die Blätter der Zaubernuss und der Funken kleiden sich gelb. Brombeeren, Wilder Wein und die herüber winkende Tokiokirsche (Prunus yedoensis) nehmen das errötend zur Kenntnis. In plötzlich braunroter Verkleidung hockt der Königsfarn vorm Geräteschuppen. Darüber leuchten in Rot und Orange die großen und kleinen Hagebutten der Rosen. Wir unterstützen diesen Temperamentsausbruch, indem wir die nun doch abgeernteten Hokkaido-Kürbisse auf der Mauer vor der Küche platzieren. Unverdrossen blühen die Krötenlilien.

Auch dem Rotblaugelbgarten verordnen wir mit Quitten und Falläpfeln solche dekorativen Spielereien. Nötig sind sie hier eigentlich nicht; denn der Garten möchte offenbar so lange wie möglich schwelgen. Es blüht fast wild wie im September. Manche Pflanzenarten, beispielsweise Dahlien, Indische Winde (Ipomoea indica), Salbei (Salvia curviflora und Hybride »Amistad«) und Storchschnabel (Geranium x pratense »Rozanne«) mögen sich von ihrem Blühimpuls gar nicht trennen. Gräser schmücken sich vor allem morgens mit schimmernden Perlen von Tautropfen. Einige späte Gäste, Eisenhüte (Aconitum carmichaelii »Arendsii« und »Mittelstand«), Goldruten (Solidago rugosa), die Herbstaster »Oktoberlicht« und Hohe Wucherblumen (Leucanthemella serotina) trudeln noch ein und mischen die teilweise schon etwas ermüdete Gesellschaft neu auf.

Der Obst- und Gemüsegarten wirkt bereits ziemlich verlottert. Viel Zeit haben wir jetzt nicht, uns um ihn zu kümmern. Er muss warten. Nur wenn wir Blumen für Sträuße brauchen, stöbern wir in ihm herum, loben die Chrysanthemen, die Dahlien, die Herbstastern, den Wasserdost und die Rosen für ihren Einsatz. Wir begeistern uns an dem strahlen-

Waldrebe (Clematis tangutica »Aureolin«)

Aster ericoides »Pink Star« und Sonnenhut (Rudbeckia triloba)

den Lächeln der Ringelblumen und wundern uns darüber, dass wir sie in ihrer Lebensfreude, in ihrem Fleiß und in ihrer Stetigkeit bisher noch nicht so richtig gewürdigt haben. Keinen Gund zur Klage hätten dagegen die Glockenreben (Cobaea scandens) im Nordbeet, die jetzt ihre eleganten Blüten öffnen und gleich danach ihre nicht weniger eleganten Früchte bilden. Weil sie in jedem Frühjahr neu im Saatbeet kultiviert werden müssen, können sie unserer fürsorglichen Aufmerksamkeit gewiss sein. Die Ringelblumen aber kommen von selbst, stören gelegentlich sogar in ihrem Ausbreitungsdrang und sind dadurch weniger geachtet.

Im Eingangsbereich wirbeln immer noch leicht derangiert die Präriekerzen und lassen sich von Kapuzinerkresse begleiten. Die blauen indischen Winden am Eingang begrüßen von oben den sonnigen Morgen und die pelzigen Fruchtstände der gelben Waldrebe (Clematis tangutica »Aureolin«) bewachen den Briefkasten. Die Giebelfenster der Fahrradgarage werden geschlossen. Die Sonne kommt jetzt ohnehin nicht mehr über den First des Nachbarhauses. Die noch blühenden Töpfe füllen nun die freigeschnittene Stellage im Gewächshaus. Auch die großen Kübelpflanzen – Agapanthus, Oleander, Wandelröschen, Citruspflanzen – ahnen, dass ihre Zeit an der frischen Luft zu Ende geht.

Herbstastern und Salbei »Amistad«

Weinrebe »Carignan Rouge« und Wilder Wein (Parthenocissus quinquefolia »Engelmannii«)

Herbstlicher Blumenstrauß | Im Oktober treten die knalligen Blütenfarben zurück. Viele der bisher grünen Nadeln, Blätter, Halme und Wedel nehmen zwischen gelb, rot und schwarz alle denkbaren Farbtöne an. In der Dämmerung wirken sie wie durchleuchtet. Die Natur stimmt sich auf ihren vorübergehenden Untergang ein.

In dieser zur Melancholie neigenden Situation erscheint die Absicht, im Garten einen Blumenstrauß

zu pflücken, fast ungebührlich, auch nicht besonders aussichtsreich. Wenn wir aber doch zur Schere greifen, sind wir erstaunt, wie viele Gartengewächse sich noch zu einem vielgestaltigen und farbenfrohen Strauß zusammenfügen lassen.

Da wären zunächst die Stauden, von denen ohnehin erwartet werden darf, dass sie jetzt noch blühen, die Herbstastern Aster cordifolius, Aster laevis oder Aster »Oktoberlicht« zum Beispiel, die Goldrute (Solidago rugosa), deren lange Blütentriebe kein Ende finden wollen und die deshalb dem Strauß so schön auflockern, die Hohe Wucherblume (Leucanthemella serotina) mit ihren grünweißen Strahlenblüten, die schwankenden Präriekerzen (Gaura lindheimeri), die fetten Hennen (Sedum spectabile oder Sedum Hybride »Matrona«), von denen schon wenige Stängel der Hand das Gefühl geben, etwas Üppiges zu umfassen, und – viel zu wenig bekannt, zart, edel und robust zugleich – die Krötenlilie (Tricyrtis hirta).

Außerdem sind einige Sommerstauden einfach noch einmal zurückgekehrt und lassen sich gern in den herbstlichen Blumenstrauß aufnehmen: Kartäusernelke, Lavendel, Katzenminze und Sonnenhut.

Es finden sich aber auch noch überraschend viele einjährige Sommerblumen. Die Ringelblumen (Calendula officinalis) etwa machen, von der Jahreszeit unbeeindruckt, einfach weiter, wenn man nur daran denkt, die verblühten Köpfe wegzuschneiden. Verschiedene Salbeiarten geben sich ebenfalls unermüdlich. Unterstützt werden sie vom Eisenkraut (Verbena bonariensis), das seine Blütenköpfe nicht nur als blau-violette Tupfen im Garten verteilt, sondern auch in der Vase lange aushält.

Seit Jahren haben wir uns angewöhnt, die Dahlien so lange blühen und wachsen zu lassen, bis der erste Nachtfrost sie niedermäht. In einer Versammlung überwiegend herbstlich dezenter Blütengestalten spielen Dahlien die Rolle der Nimmermüden, meistens etwas zu groß und von nicht zu übersehender Farbigkeit. Sie leuchten, während andere darben. Die im Strauß zusammengefasste Gemeinschaft wird durch sie bunt. Als Star empfindet sich die Sorte »Bishop of Llandaff« mit rötlichem Laub und einfachen, knallroten Blüten.

Schließlich sind da noch die späten Rosen. Für sie fordert Gottfried Benn in einem den Herbst beschreibenden Gedicht: »Feg doch die fetten Rosen hin, den ganzen Pomp, den ganzen Lüster, aus Crepe de Chine, bald wird es düster.« Wenn wir eine Rosenknospe finden, bevor sie sich mit dieser deprimierenden Aussicht öffnet, wird sie auch jetzt noch jeden Blumenstrauß aufwerten.

Von Hagebutten, Gräsern und Farnwedeln war hier noch gar nicht die Rede.

November | Im Oktober sind wir dann doch verreist. Die geplante Erneuerung des Phloxgartens verschoben wir auf das nächste Jahr. Venedig lockte uns über den Brenner. Wir ließen uns durch die einzigartigen Bilder und Lebensrhythmen dieser Stadt verzaubern. Um den Garten mussten wir uns nicht sorgen. Mildes Wetter war angesagt. Außerdem sind die Pflanzen in dieser Jahreszeit nicht mehr so hungrig und durstig wie im Sommer. Ingo Jockusch, guter Gartenfreund seit vielen Jahren, war wieder einmal bereit, die Verantwortung für Haus und Hof zu übernehmen.

Nun sind wir zurückgekehrt. Immer noch scheint die Sonne, flach zwar, aber freundlich und den goldenen Herbst verlängernd. Da wollen wir so wenig wie möglich eingreifen und die schweigsame Schönheit des Verfalls auf uns wirken lassen. Der Schere wird äußerste Zurückhaltung auferlegt. Die Vergänglichkeit der Blumen darf sich zeigen, soll sogar gern den strukturellen Reiz der absterbenden Pflanzenteile offenbaren. Auch die Vitalität der Nimmermüden ist willkommen. Ringelblumen, Kapuzinerkresse, Winden, Glockenreben und Salbei »Amistad« sollen ruhig weiterblühen, bis der erste eisige Hauch sie hinwegfegt.

Einige Tätigkeiten dürfen jetzt allerdings nicht mehr warten. Sie betreffen den ganzen Garten. Er muss auf den Tag X vorbereitet sein. So wandern

Waldrebe (Clematis cirrhosa var. balearica)

die Kübelpflanzen zögerlich Stück für Stück ins Gewächshaus, zuerst die besonders empfindlichen (Wandelröschen zum Beispiel), dann die unter dem Novemberwetter leidenden (Citruspflanzen), zum Schluss die Dauerblüher (Fuchsien) und die robusten (Oleander). Einige werden geopfert, weil der Platz im Gewächshaus nicht reicht oder weil bewurzelte Stecklinge von ihnen bereits im Gewächshaus auf das nächste Frühjahr warten. Dazu gehören zum Beispiel die Salbei-Hybriden »Amistad« und »Wendys Wish«, die als junge Stecklingspflanzen leicht zu überwintern sind und im nächsten Jahr sogar vitaler wachsen werden als die alten Mutterpflanzen aus diesem Jahr.

Einige kurzlebige Pflanzenarten lassen sich problemlos aus Saat kultivieren, die Winde Ipomoea lindheimeri, der Sonnenhut Rudbeckia triloba und

Anemone tomentosa robustissima

Rosa »Kiftsgate«

Pfauenradfarn (*Adiantum pedatum*)

Tomaten zum Beispiel. In den Herbstferien haben wir mit Enkeltochter Nina die letzten Tomaten auseinandergenommen und die mit einer gallertartigen Hülle umgebenen Saatkörner einige Tage in einem Glas Wasser schwimmen lassen, bis sich die Hülle auflöste. Dann haben wir sie auf Küchenpapier getrocknet, eingetütet und sorgfältig beschriftet. So können wir Tomatensorten, deren Namen wir nicht kennen oder von denen kein Saatgut gekauft werden kann, auch im nächsten Jahr kultivieren. Dass bei diesem Verfahren völlig neue Ergebnisse herauskommen können, ist uns bekannt und wir sind immer wieder gespannt, was sich die Natur einfallen lässt.

Noch stehen die Dahlien draußen und, während sie an bessere Tage denken, öffnen sie sogar hin und wieder eine Blüte, als wollte sie fragen und erzählen: »Wisst Ihr noch, wie es im Sommer war?« Sie werden demnächst – mit ihren Namen versehen – brav in ihr Winterquartier im Keller ziehen. Wenn wir an den empfindlichen Sorten der Chrysanthemen vorbeikommen, erinnern sie neuerdings auch daran, dass sie sich vor Frost fürchten, und sie fügen bescheiden hinzu: »Eine kleine lichte Ecke im Gewächshaus würde uns völlig reichen. Wir treiben dann im Frühjahr freudig aus und stellen gern Stecklinge zur Verfügung.« »Und wie hättet Ihr es gern?«, fragen wir bei solchen Gelegenheiten leicht genervt die in Töpfen stehenden Funkien, Fetten Hennen und Gaurapflanzen. »Ins Gewächshaus wollen wir auf gar keinen Fall. Da ist es uns im zeitigen Frühjahr viel zu warm. Wenn ihr uns aus den Töpfen nehmt und irgendwo im Gemüsegarten einschlagt, sind wir vollkommen zufrieden. Damit könnt ihr zugleich vermeiden, dass wir mit unseren Frostballen die Tontöpfe sprengen. Die liegen euch doch so am Herzen.«

Die Wasserbecken sind immer noch gefüllt. Bis auf den schwarzen Grund können wir sehen. Aber romantische Gefühle helfen hier nicht weiter. Eis würde ihre schwachen Wände sprengen. Sie alle müssen deshalb entleert und abgedeckt werden. Die Seerosen des großen Beckens finden im Gewächshaus ein geeignetes Winterquartier und nehmen mit ihren Wurzeln Libellenlarven und anderes

Insektengetier mit. Aber auch der Modder auf den Beckengründen bietet genug Unterschlupf.

Vollmundig verkünden wir immer wieder, dass unsere Gartenmöbel auch im Winter draußen bleiben, aber so ganz stimmt das nicht. Zwar haben wir Tische und Bänke aus dauerhaftem Holz und die sorgen dafür, dass der Garten in den nächsten Monaten nicht allzu unwirtlich wirkt, aber die Klappstühle stellen wir doch unter ein schützendes Dach, weil ihre Scharnierstellen Feuchtigkeit und Kälte nicht gut vertragen oder weil sich die Algen in alle schlecht erreichbaren Ritzen setzen und die Reinigung im Frühjahr mühsam wäre. Auch der lange, selbst gebaute Tisch auf dem oberen Sitzplatz überwintert im Keller.

Viel Laub haben wir in unserem Garten nicht zu bieten, aber es ist uns willkommen. Gern nehmen wir Fächerharke und Besen in die Hand, um es aufzusammeln, auf den Kompost zu bringen oder unter den Himbeeren zu verteilen.

Was gibt es aus den verschiedenen Gartenteilen Besonderes zu berichten? Das Gewächshaus wird zum Hauptakteur und unterstreicht seine Bedeutung mit Pflanzenleuchten, die tagsüber das natürliche Licht unterstützen. Die Kübelpflanzen stehen dicht gedrängt. Der hohe blaue Salbei »Costa Rica Blue« lässt seine Blütentrauben über den Köpfen

Rose »Ghislaine de Feligonde«

Hortensie (Hydrangea macrophylla)

der anderen schwanken. Im Phloxgarten treten die hohen Bulte des Pfeifengrases (Molinia arundinacea »Transparent«) jeden Tag eindrucksvoller in Erscheinung, überstrahlen den Verfall der anderen Pflanzen durch straffen Wuchs und sich intensivierende gelbrote Färbung. Der Funkiengarten lässt die Hagebutten noch stärker leuchten. Die Wattebäusche der Herbstanemone (Anemone tomentosa robustissima) und die Samenstände der großblättrigen Funkie Hosta sieboldiana elegans fordern zu genauerer Betrachtung heraus. Vorfreudig nehmen wir die dicken Blütenknospen der Zaubernuss zur Kenntnis. Vielfalt pflanzlicher Erscheinungsformen steht offenbar auf dem Programm des Rotblaugelbgartens. Zwar lösen sich Farbunterschiede allmählich auf, aber Gründe zur Bewunderung sind reichlich gegeben, bei den Gräsern die Lampenputzer von Penniseum compressum, die zarten Rispen des Tautropfengrases (Sporobulus heterolepis) und die Perlenschweife der Hirse (Panicum virgatum »Hänse Herms«, »Heavy Metal« und »Shenandoah«). Behäbig und gesund präsentieren sich nach wie vor die Blütenstände der Fetten Hennen. Großartig wild wuchern die abgeblühten Wedel der Goldrute. Wie schwarze Knöpfe wirken die Fruchtstände von Rudbeckia triloba. Das sind nur wenige Beispiele für ein unerschöpfliches Erkundungsfeld auf engem Raum. Im Obst- und Gemüsegarten hat die Mispel, die wegen ihres bizarren skulpturalen Wuchses bei Besuchern stets großes Interesse findet, inzwischen die Blätter fallen gelassen. In großer Zahl hat sie ihre ungewöhnlichen, rundlichen Früchte an die Zweige gehängt, als wollte sie dem mit Kugeln geschmückten Weihnachtsbaum vorgreifen. Durch das milde Wetter hat es das hohe Chinaschilf auch in diesem Jahr wieder geschafft, seine silbrigen Blütenwedel aus den jetzt kupferfarbenen Halmen zu schieben und dem norddeutschen Himmel anzuvertrauen.

Lampenputzergras (*Pennisetum compressum*)

Samenstand von Fenchel (*Foeniculum vulgare*), darüber Samenstand der Baumpäonie (*Paeonia rockii*)

Sind erst die Kübelpflanzen eingeräumt, wirkt der Eingangsbereich mit seiner Asphaltfläche unfreundlich verödet. Für diesen Schock haben wir bisher noch keinen überzeugenden Ausgleich gefunden. Früher haben wir hier Holzmauern und Holzdiemen errichtet. Aber die Zeiten des genussvollen Holzhackens mit Kraft und stabilem Knochengerüst sind vorbei. Der Hinweis auf das nächste Jahr bietet wenig Trost; denn die Wartezeit ist lang. Das neue Beet nimmt die Enttäuschung wahr und fordert uns auf: Nehmt mich doch erst einmal in Angriff. Dann wird sich bestimmt auch für den Vorplatz ein schönes Winterbild finden lassen.

Früchte der Mispel (Mespilus germanicus)

Samenstände von Aster divaricatus

Schleichendes Altern | Wir waren knapp über sechzig, als wir uns für das Abenteuer mit der Alten Gärtnerei entschieden. Inzwischen sind fünfzehn Jahre vergangen. Wir spüren unser Alter. Am Anfang beflügelte uns das ungewöhnliche Projekt. Wenn wir uns heute erinnern, mit welcher Selbstverständlichkeit und in welchem Umfang wir beim Umbau unseres Grundstücks selbst Hand angelegt

haben, können wir das kaum glauben. Der damals noch lebende Vater Bernhard Klaffke fand denn auch, wir seien völlig durchgedreht und wohl endgültig verrückt geworden. Wir lachten über diese harsche Kritik. Heute können wir sie besser verstehen.

Wir haben, seit wir hier wohnen, immer Wert darauf gelegt, nicht nur im Garten zu krümeln, sondern uns auch darüber hinaus zu engagieren, zunächst noch beruflich, dann ehrenamtlich, haben uns bemüht, die Familie nicht zu vernachlässigen und Freundschaften zu pflegen. Hin und wieder sind wir sogar verreist. Irgendwie lief das über Jahre alles relativ reibungslos.

Aber in diesem Jahr haben wir zum ersten Mal und immer mal wieder im Gefühl der Überforderung gelebt. Wir haben uns gefragt: Wie lange wollen wir eigentlich noch so weitermachen? Oder weniger direkt: Woran liegt es, dass wir uns gelegentlich überfordert fühlen? Gewiss, die Kräfte lassen nach. Aber wir haben in unserer Gesundheit bisher keine schwerwiegenden Einschläge hinnehmen müssen. Wir dürfen uns nicht beklagen. Manchmal denken wir, dass unsere Ansprüche stärker gestiegen sind, als wir ihnen gerecht werden können. Haben wir früher nicht lässiger hingenommen, wenn der Garten in einigen Winkeln verlottert aussah? Wollen wir perfekter sein, als wir uns das selbst eingestehen möchten? Dehnt sich unser Perfektionsdrang vielleicht, ohne dass wir es merken, auf immer neue Felder aus?

Wenn wir von Gästen in der Vergangenheit besorgt gefragt wurden, wie wir uns die weitere Zukunft unseres Einsatzes im Garten vorstellen, haben wir stets souverän geantwortet: Wir werden den Obst- und Gemüsegarten aufgeben, um uns auf unser Kerngrundstück zu beschränken, und dort werden wir, wenn es nötig wird, Veränderungen vornehmen, die weniger pflegeintensiv sind.

Nun merken wir, dass es leicht ist, Souveränität zu verströmen, wenn sie noch gar nicht gefordert wird. Die Notwendigkeit konkreter Entscheidungen rückt unaufhaltsam näher. Jede dieser Entscheidungen bedeutet für uns unumkehrbaren Rückzug. Diese Überlegungen machen uns nicht panisch, aber sie beschäftigen uns. Wir sehen zum Beispiel bei den Gartenbesitzern der Offenen Pforte, dass wir mit diesem dem Altern geschuldeten Problem nicht allein stehen. Das tröstet und ermutigt uns. Wir nehmen uns vor, rechtzeitig zu tun, was sinnvoll oder notwendig ist, aber doch darauf zu vertrauen, dass uns der Garten bis ans Ende unserer Tage begleiten wird.

Dezember | Die Adventszeit entfernt uns vom Garten. Er steht jetzt nicht mehr im Zentrum, rückt an die Seite. Immerhin verfolgen wir die Wetteraussichten. Über Schneebilder würden wir uns freuen. Das vernünftige Bedürfnis nach frischer Luft und Bewegung treibt uns allerdings doch regelmäßig vor die Tür. Der Außenraum wird in gewisser Weise zur Muckibude. Es finden sich im Garten ja reichliche Gelegenheiten, die alten Knochen in Bewegung zu halten. Die Vielfalt des Angebots kann es durchaus mit dem üblichen Arsenal an Trimmgeräten aufnehmen. Alle Muskeln werden beim Bücken, Hocken, Knien, Stehen, Steigen, Strecken, Graben, Sägen, Heben und Laufen gefordert. Heute räumen wir vielleicht auf, morgen schützen wir die empfindlichen Rosen mit Tannenreisig. Übermorgen werden Himbeerruten entfernt und danach graben wir oder steigen, wenn es mild bleibt, auf die Bäume. Immer wieder regen die verschiedenen Pflanzflächen dazu an, das eine oder andere, was

nicht mehr gerade stehen will, zurückzuschneiden. Wenn es tatsächlich schneien sollte, werden wir schütteln, schaufeln, schieben und über die vom Schnee verfremdeten Gegenstände und Pflanzengestalten staunen. Das alles geschieht ohne Hektik und Ehrgeiz.

Nur im Gewächshaus herrschte am Zweiten Advent wieder geschäftiges Treiben. Seit einigen Jahren findet dort im Dezember ein so genannter »Adventszauber« statt. Die Enkelkinder fallen ein und gemeinsam verwandeln wir das Glashaus in ein Paradies, in dem sich das vorweihnachtliche Dekorationsbedürfnis unverfälscht ausleben kann. Vögel, Flugzeuge und Fabelwesen fliegen dann durch die Luft und große rote Kugeln verbreiten festlichen Glanz. In diesem Jahr endete der Gestaltungsrausch in einer Prozession, die von Gedichten, Ansprachen, Weihnachtsliedern und vielen Kerzen stimmungsvoll begleitet wurde.

Der Wunsch zu schmücken war so stark, dass er auch nach draußen drängte. Der von Kübelpflanzen entleerte, verlassen wirkende Vorplatz wurde mit schräg gestellten Frühbeetfenstern bestückt. Als Stützen dienen leere Terrakottakübel, die mit Trockensträußen gefüllt wurden. Einige dazwischen drapierte blaue Kugeln unterstreichen die weihnachtliche Zeit. Nachts sorgen bei Bedarf und Windstille unter den Fenstern aufgestellte Kerzen für geheimnisvolle Beleuchtung.

Natürlich füttern wir auch die Vögel, aber die finden offenbar bei dem milden Wetter in der Umgebung so reich gedeckte Tische, dass wir mit unseren sparsamen Angeboten nicht mithalten können. Nur die Amseln bleiben uns treu und suhlen sich förmlich in den heruntergefallenen, jetzt tatsächlich gereiften Mispelfrüchten.

Draußen im Gemüsegarten warten noch der Grün- und der Rosenkohl auf Verwendung. Ja, spätestens an den Weihnachtsagen seid ihr dran. Das ist dann wohl der krönende Abschluss.

War es das schon? Nein, nicht so ganz; denn GartenLeben beinhaltet ja nicht nur das praktische Handeln, sondern immer auch Reflexion und Theorie. Jetzt im Dezember mussten wir dieses Buch zusammenfügen. Alle im Laufe des Jahres geschriebenen Texte waren noch einmal sorgfältig durchzulesen, zu korrigieren und zu ordnen. Aus vielen, zur Auswahl stehenden Fotos von Jutta Alms waren die schönsten und die passendsten herauszusuchen und mit den Texten in Verbindung zu bringen. Stärker als sonst wurde der Monat Dezember dadurch eine Zeit der Rückschau. Ein vollständiges Gartenjahr zog da an uns vorüber. Obwohl wir es ja eigentlich wissen, waren wir doch überrascht von dem intensiven Wechsel der Bilder, von der unglaublichen Vielfalt der Pflanzenwelt und dem Reichtum der Ereignisse. Wir haben uns diesem Blick zurück ganz hingegeben. Wir können nun die gesammelten Eindrücke und Erfahrungen zu einem Päckchen zusammenschnüren und auf den Weihnachtstisch legen. Nach dem Öffnen werden wir uns wechselseitig fragen: Weißt du noch, wie wunderbar in diesem Jahr die Rankrosen geblüht haben? Kannst du dich noch an die großartige Aprikosenernte erinnern? Aber zwischen solchen Fragen werden zunächst versteckt, aber dann doch immer fordernder Wünsche auftauchen: Das sollten wir demnächst anders handhaben. Dies hat uns doch sehr gefehlt und jenes wollten wir uns doch schon immer mal vornehmen.

Schon sitzt die Zukunft mit uns unter dem Tannenbaum. Und nach dem Jahreswechsel kann das GartenLeben von vorn beginnen.

Christrose
(Helleborus niger)

Enkelkindergarten | Unser Garten ist gewiss nicht das, was man einen Garten für Kinder nennen würde. Wir haben keine Sandgrube, keine Schaukel, kein Klettergerüst, kein Trampolin. Aber für unsere vier Enkelkinder bot und bietet er doch immer wieder Anregungen zu spielerischer Beschäftigung allein oder in der Gruppe mit oder ohne die Eltern und Großeltern.

Die Individualität sucht sich auch im Garten die passenden Beschäftigungen. Dem ältesten Enkel Jasper wurde das theoretische Denken und Handeln offenbar schon in die Wiege gelegt. Bereits als Vorschulkind schrieb er mit großem Eifer Pflanzenschilder nach dem Gehör, was wegen der ungewöhnlichen Schreibweise wie üblich bei den Erwachsenen helles, überhebliches Entzücken hervorrief. Später bot er manchmal an, im Garten zu helfen, aber schnell erkannte er die langen, schmalen Wege als verkehrsplanerische Herausforderung, entwickelte ausgetüftelte Einbahnsysteme und versuchte, sie mit Strafpunkten durchzusetzen.

Die älteste Enkeltochter Merle sitzt am liebsten in Haus und malt oder bastelt. Dabei nimmt sie allerdings gern Pflanzenmotive als Anregung und Pflanzenteile als Material für Collagen. Als Wasserratte möchte sie bei jedem auch nur einigermaßen geeigneten Wetter unter der Gartendusche stehen, mit dem Gartenschlauch herumfuchteln oder ein Schöpfbecken als Badeanstalt verstehen.

Die im Alter auf sie folgende Nina überlegt, ob sie wie ihre Patentante Karola Apothekerin werden will. In ihrem spielerischen Geschäft steht sie freundlich und wissend jedem dort erscheinenden Patienten mit Rat und Tat zur Seite. Dabei sind verschiedene frische Teesorten wie Pfefferminze, Zitronenverbene, Salbei und Melisse ein unverzichtbares Warenfundament und müssen immer wieder frisch geliefert werden.

Enno, der jüngste Enkel, will eigentlich Koch werden, aber auch den Gärtnerberuf kann er sich vorstellen, weil er dann wichtige Zutaten wie Kartoffeln, Tomaten, Bohnen und frische Kräuter für das Kochen direkt aus dem Garten holen kann. Wenn

er uns besucht, ist er dort immer mächtig im Einsatz, gräbt mit dem Großvater Bäume aus, schleppt schwere Kannen, schiebt die Karre und klettert auf die höchsten Leitern.

Das große Gewächshaus bot jahrelang die landschaftlichen Voraussetzungen für Gruppenspiele mit Playmobil. Es bildete quasi den grünen Rahmen für große Krankenhausbetriebe, Möbelfabriken, Polizeistationen und Wohnviertel, zwischen denen rasante Blaulichtfahrten, Hubschraubertransporte und Schwerlastverkehr stattfanden. Im Sommer wurde gern ein Blumengeschäft eröffnet, in dem in wild zusammengebundenen Sträußen oder in Töpfen alles angeboten wurde, was der Garten so hergibt. Die schon berichtete Verwandlung des Gewächshauses zur Adventszeit in einen Zaubergarten gehört auch zu diesen aus dem besonderen Ort hergeleiteten Aktivitäten. Manchmal wurden sogar Jungpflanzen getopft und es war erstaunlich, wie schnell flinke Kinderhände die kleinen Pflänzchen in die mit Erde gefüllten Töpfe bugsieren konnten.

Die muntere Mischung von gärtnerischen Tätigkeiten und freiem Spiel beglückt uns. Denn darin liegen letztlich ja auch bei uns die Gründe für die Faszination, die vom Gartenleben ausgeht. Man kann dieses als etwas Nützliches, Gewissenhaftes oder auch Verantwortungsvolles empfinden, dem im Laufe der Zeit spezielle Kenntnisse und Erfahrungen zuwachsen. Aber daneben bietet es stets, vielleicht sogar vor allem unermesslich weite Spielräume freien Handelns. Man muss nur bereit sein, sie neugierig auszutesten. Dann folgt dem Staunen über den Reichtum natürlicher Erscheinungsformen und Entwicklungsprozesse ganz selbstverständlich der Wunsch, sie zu verstehen und nach unseren kulturell gewachsenen Maßstäben behutsam verändernd in sie einzugreifen.

Wenn die Enkelkinder uns besuchen, spielen solche Überlegungen natürlicherweise überhaupt keine Rolle. Aber wir hoffen doch, dass es uns nebenbei gelingt, ihnen mit solchen Gartenerlebnissen Erinnerungen mitzugeben, die in der Zukunft eine Lebenshaltung hervorbringen, welche die natürliche Umwelt als Lebensgrundlage achtet. Sollte eins der Enkelkinder dadurch einmal selbst von Gartenbegeisterung erfasst werden, wäre das für uns – wo auch immer wir sind – eine große Freude.

POLICE

PFLANZENARTEN UND SORTEN

Nachhaltige Gartenbegeisterung ist nur in Verbindung mit Pflanzenkenntnissen möglich. Erst ein präziser Name ermöglicht, eine Pflanzenart oder Sorte zu verwenden, welche die erhoffte Wirkung erzielt. Wir haben schon bei der Beschreibung der Gartenstruktur und der Veränderungen im Jahresablauf viele Pflanzen genannt, aber wir denken, dass es darüber hinaus interessant sein könnte, ein möglichst vollständiges Inventar der in der Alten Gärtnerei versammelten Pflanzenarten und Sorten zusammenzustellen. Das folgende Verzeichnis gibt den Bestand im Jahr 2014 wieder. Er hat sich im Laufe der letzten 15 Jahre immer wieder verändert und das wird auch in Zukunft so bleiben.

Die Auflistung ist nach Gartenbereichen, teilweise auch nach Pflanzengruppen, untergliedert. Innerhalb dieser Unterteilungen sind die Arten alphabetisch nach dem deutschen Namen geordnet. Wir haben uns für diese Sortierung entschieden, weil viele botanische Namen weniger geläufig sind als die deutschen. Wir müssen dabei allerdings in Kauf nehmen, dass mancher Leser vielleicht andere deutsche Namen verwendet als wir. Deshalb haben wir außerdem jeweils die offiziell gültigen lateinischen Bezeichnungen mit dem Sortennamen in Klammern hinzugefügt. Freilich liegen auch diese nicht ein für alle Mal fest. Die Nomenklatur wird laufend den neusten Erkenntnissen angepasst. Wir schließen deshalb nicht aus, dass wir uns in dem einen oder anderen Fall nicht auf letzten Stand befinden oder auch fehlerhafte Bezeichnungen verwendet haben.

Jeder Gartenliebhaber bekommt Pflanzen geschenkt. Oft kennt der Schenkende vielleicht noch die Art, aber meistens nicht die Sorte. Wir sind bei einer Reihe von Arten deshalb nicht in der Lage, die Sorte zu benennen und haben dann auch nicht versucht, schlauer zu erscheinen, als wir sind.

Von vielen Pflanzenarten und Sorten sind auf den folgenden Seiten auch Fotos zu finden. Sie sind im Text mit grüner Schrift gekennzeichnet.

Gewächshaus

(nur dort dauerhaft stehende oder dort blühende Kulturen)
Anomateca (Anomateca laxa), Buddleje (Buddleia asiatica), 1| Bougainvillee (Bougainvillea spectabilis), Brutblattfarn (Asplenium dimorphum), Eibisch (Hibiscus coccineus), Feige (Ficus carica), 2| Flieder-Primel (Primula malacoides), Frauenhaarfarn (Adiantum, A. capillus-veneris nicht winterhart), 3| Kamelien (Camellia japonica, Art und »Nuccios Gem« sowie Ackermann-Hybride »Winters Snowman«), 4| Klivie (Clivia miniata, darunter »Ailsea Deering« und »Old Belgian Strain«), Lorbeer (Laurus nobilis), 5| Ludwigie (Ludwigia arcuata), 6| Passionsblume (Passiflora caerulea), Pfefferminze (Mentha, Gartenform, von uns »Londoner Minze« genannt), 7| Rose (Rosa Hybride, Rankrose »Maréchal Niel«), 8| Salbei (Salvia Hybride »Costa Rica Blue«, S. gesnerifolia, S. gravida), Schusterpalme (Aspidistra elatior), Echte Weinrebe (Vitis vinifera, Tafeltrauben »Muscat Alexandria« und »Muscat Hamburg«), 9| Winde (Ipomoea indica und I. lindheimeri), Zierspargel (Asparagus densiflorus).

Phloxgarten

Gehölze

Buchsbaum (Buxus sempervirens, Sorte unbekannt), Geißblatt, Wohlriechendes (Lonicera caprifolium), 10| Glyzinie (Wisteria sinensis), Pfirsich (Prunus persica, früh reifende Sorte, Name unbekannt), 11| Waldreben (Clematis viticella und »Abundance« sowie C. Hybride »Warszawska Nike«), 12| Weiße Forsythie (Abeliophyllum distichum), Wilder Wein (Parthenocissus quinquefolia »Engelmannii«), Zwetschge (Prunus domestica »Wangenheims Frühzwetschge«).

Topf- und Kübelpflanzen

Asarine, Große (Asarina erubescens), Bleiwurz (Plumbago auriculata), Brunnenkresse (Nasturtium officinalis), 13| Calla, Hohe (Zantedeschia aethiopica), Duftsteinrich (Lobularia maritima), Funkien (Hosta Hybriden »Fragrant Bouquet«, »Snow Flakes«, »Tokudama Flavocircinalis« sowie H. venusta »Variegata« und »Wogon Gold«), Heide, Englische (Erica x delayensis), Hornnarbe (Ceratostigma willmottianum), Kapuzinerkresse (Tropaeolum majus), 14| Kassie (Senna corymbosa var. plurijuga), Leberbalsam (Ageratum houstonianum »Heavenly Blue«, Topfreihe im Sommer), Mönchspfeffer (Vitex agnus-castus), Myrthe (Myrtus communis), Nachtschatten, Jasminblütiger (Solanum jasminoides), 15| Pelargonie (Pelargonium cucullatum Hybride), Präriekerze (Gaura lindheimeri »Karoly White«, Topfreihe im Sommer), Prunkwinde, Indische (Ipomoea indica), Rosmarin (Rosmarinus officinalis), 16| Salbei (Salvia coahuilensis, S. curviflora, S. involucrata, S. miniata, S. patens sowie S. Hybriden »Amistad«, »Mystic Spire« und »Wendy's Wish«), Stiefmütterchen (Viola x wittrockiana, Topfreihe im Frühling).

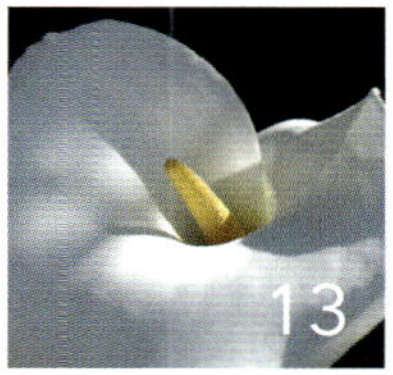

Unterer Phloxgarten

Stauden, Gräser und Sommerblumen

Chrysantheme (Chrysanthemum x hortorum, Sorte unbekannt), Pfeifengras (Molinia arundinacea »Transparent« und M. caerulea »Karl Foerster«), Herbstastern (Aster ericoides »Pink Star« und »Blue Star«, A. cordifolius »Blue Heaven«, A. laevis), Houttuynia (Houttynia cordata »Chamaeleon«), Indianernessel (Monarda fistulosa, darunter »Beauty of Cobham«), Klatschmohn (Papaver

rhoeas, zugewandert), Margerite (Leucanthemum x superbum), Präriekerze (Gaura lindheiimeri), Prunkwinde, Indische (Ipomoea indica) Schafgarbe (Achillea millefolium, zugewandert, rosa), Schlafmohn (Papaver somniferum, zugewandert), Seerose (Nymphaea alba »Albatross«), Silbertaler (Lunaria annua), 17| Sommerphlox (Phlox paniculata, darunter die Sorten »Blue Paradize«, »Fliedertraum«, »Herbstwalzer«, »Hermes« und »Linner Sommer«), 18| Staudenmohn (Papaver oientale, darunter die Sorten »Beauty of Livermere«, »Graue Witwe« und Kleine Tänzerin«), 19| Witwenblume (Knautia macedonica), Wolfsmilch (Euphorbia cyparissias, zugewandert).

Blumenzwiebeln und Knollen

Cyclamen (Cyclamen coum und C. hederifolium), 20| Blumenlauch (Allium Hybride »Purple Sensation«), A. sphaerocephalon), Iris (Iris reticulata), Krokus (Crocus tommasinianus), Narzisse (Triandrus-Narzisse »Thalia«), 21| Tulpen (Tulipa, Lilienblütige Hybriden »China Pink« und »White Triumphator«).

Oberer Weg am Gewächshaus

Akelei (Aquilegia caerulea, zugewandert), Aster (Aster pansus »Snow Flury), 22| »Daisy« (Erigeron kavinskianus), Fingerhut (Digitalis purpurea, zugewandert), Frauenmantel (Alchemilla mollis, zugewandert), Glockenblume (Campanula rotundifolia »White Gem« und C. persicifolia, zugewandert), Indianernessel (Monarda fistulosa, zugewandert), Katzenminze (Nepeta x faassenii), 23| Küchenschelle (Anemone pulsatilla), 24| Lavendel (Lavandula angustifolia), Laurentia (Laurentia fluviatilis), Lerchensporn (Pseudofumaria lutea und P. ochroleuca, zugewandert), Moskitogras (Bouteloua gracilis), Nelke (Dianthus caesius), Scabiose (Scabiosa columbaria »Nana«), Schleifenblume (Iberis sempervirens), 25| Stockrose (Alcea rosea), Teppichphlox (Phlox subulata), Walderdbeere (Fragaria vesca, zugewandert), 26| Zimbelkraut (Cymbalaria muralis).

Oberer Weg am Funkiengarten

Akelei (Aquilegia caerulea, zugewandert), Aster (Aster divaricatus, zugewandert), 27| Cypressenwolfsmilch (Euphorbia cyparissias, zugewandert), Fingerhut (Digitalis purpurea, zugewandert), Gamander (Teucrium hircanicum, zugewandert), 28| Glockenblume (Campanula persicifolia, zugewandert), 29| Kartäusernelke (Dianthus carthusianorum), Lavendel (Lavandula angustifolia), 30| Lerchensporn (Pseudofumaria lutea und P. ochroleuca, beide zugewandert), Präriekerze (Gaura lindheimeri, zugewandert), Spornblume (Centrathus ruber, zugewandert), 31| Stockrose (Alcea rosea), Witwenblume (Knautia macedonica, zugewandert).

Farnschlucht

Frauenhaarfarn (Adiantum venustum), Frauenmantel (Alchemilla mollis, zugewandert), Glockenblume (Campanula trachelium, zugewandert), 32| Hundszahn (Erythronium Hybride »Pagoda«), Hirschzungenfarn (Asplenium scolopendrium), Pfauenradfarn (Adiantum pedatum), 33| Salomonssiegel (Polygonatum x hybridum »Weihenstephan«) Scheinmohn (Meconopsis cambrica, zugewandert), Schildfarn (Polystichum setiferum), Waldmeister (Galium odoratum), Wurmfarn (Dryopteris filix-mas, zugewandert).

Funkiengarten

Gehölze

Apfelbeere (Aronia melanocarpa), Brombeeren (Rubus fruticosus »Theodor Reimers« und »Thornless Evergreen« sowie R. laciniata), Rote und Weiße Johannisbeeren (Ribes rubrum »Heinemanns Rote Spätlese«, »Heros«, »Mulka«, »Red Lake«, »Rondom« sowie »Blanka« und »Weiße aus Jüterborg«), 34| Rosen (Rosa, Rambler, Rank- und Strauchrosen »Bobby James«, »Generous Gardener«, »Gruß an Zabern, »Kiftsgate«, »Lukkefund«, »Madame Plantier«, »Mühle Hermsdorf«, »Seagull« und »Smarty«), Schwarze Johannisbeeren (Ribes nigrum »Dr. Bauer's Ometa« und »Strata«), Sibirische Blaubeere (Lonicera kamtschatica), Stachelbeeren (Ribes uvacrispa »Gelbfrüchtige Stachelbeere«, »Rotfrüchtige Stachelbeere« und »Grünfrüchtige Stachelbeere«), Wilder Wein (Parthenocissus tricuspidata »Veitchii«), 35| Zaubernuss (Hamamelis mollis).

Stauden, Gräser und Farne

Akelei (Aquilegia caerulea, zugewandert), 36| Anemonen (Anemone x japonica »Honorine Jobert« und A. tomentosa robustissima), Elfenblume (Epimedium perralchicum »Frohnleiten«), 37| Fingerhut (Digitalis purpurea, darunter D. pupurea »Snow Thimble«), Frauenhaarfarn (Adiantum venustum), Frauenmantel (Alchemilla mollis), Funkien (Hosta, darunter Hybriden »Blue Angel« und »Blue Cadet« sowie H. elata, H. plantaginea »Grandiflora«, H. lancifolia, H. sieboldiana elegans), Hahnenfuss (Ranunculus aconitifolius), Königsfarn (Osmunda regalis), 38| Krötenlilie (Tricyrtis hirta), 39| Lenzrosen (Helleborus orientalis Hybriden), Porzellanblümchen (Saxifraga x arendsii), Rasenschmiele (Deschampsia caespitosa), Schlüsselblume (Primula veris), Schneefelberich (Lysimachia clethroides), Storchschnabel (Geranium nodosum), Tränendes Herz (Dicentra eximia), Wiesenraute (Thalictrum delavayi »Elin«).

Rotblaugelbgarten

40

41

42

43

43

43

Blumenzwiebeln und Knollen
Blausternchen (Scilla siberica), Cyclamen (Cyclamen coum und C. hederifolium), 40| Krokus (Crocus tommasinianus), 41| Lerchensporn (Corydalis cava, weiß und rot), 42| Lilie (Orientalische Hybride »Casablanca«), Narzissen (Narzissus, Triandrus-Narzissen »Thalia« und »Petrel«), Schneeglöckchen (Galanthus nivalis), 43| Tulpen (Tulipa, Lilienblütige Tulpen »White Triumphator« und »White Elegance« sowie Viridiflora-Tulpe »Spring Green«).

Gehölze
44| Apfel (Malus Hybride »Goldparmäne«), 45| Aprikose (Prunus armeniaca »Aprikose von Nancy«), Bambus (Fargesia murielae und Pseudosasa japonica), 46| Baumpäonie (Paeonia rockii), Buchsbaum (Buxus sempervirens), Fuchsie (Fuchsia magellanica), 47| Magnolie (Magnolia stellata), Myrobalane (Prunus cerasifera), 48| Rosen (Rosa »Schneewittchen« und »New Dawn«), 49| Tokiokirsche (Prunus yedoensis), 50| Waldreben (Clematis alpinum »Frances Rivis« und C. viticella »Alba Luxurians«), Wilder Wein (Parthenocissus quinquefolia var. engelmannii und P. tricuspidata »Veitchii«).

44

45

46

47

48

48

49

50

Selbstaussaaten auf den Wegen und Plätzen (Auswahl)
Achillea filipendula, A. macrophylla, Alchemilla mollis, Allium carinatum ssp. pulchellum, Bistorta amplexicaule, Buphthalmum salicifolia, Calamintha nepeta, Centhranthus ruber, Cephalaria gigantea, Echinacea purpurea, Euphorbia dulcis »Chamaeleon«, Geranium nodosum, Heliopsis helianthoides var. scabra, Lysimachia punctata, Origanum vulgare, Pseudofumaria lutea, P. ochroleuca, Prunella vulgaris, Rudbeckia fulgida var. deamii und sulivantii »Goldsturm«, R. triloba, Thalictrum aquilegifolium, T. minus, Verbena bonariensis, V. hastata.

Rotes Beet

Stauden Gräser und Sommerblumen
51| Blutweiderich (Lythrum salicaria »Stichflamme«), Christophskraut (Actaea rubra), 52| Diptam (Dictamus albus, weiß und rot), Dreiblattspiere (Gillenia trifoliata), Duftnessel (Agastache mexicana »Sangria«), Eisenkraut (Verbena bonariensis und V. hastata, zugewandert), Federgras (Stipa tenuissima), Fenchel (Foeniculum vulgaris »Atropurpureum«), Fette Henne (Sedum spectabile und S. Hybride »Matrona«), Fingerhut (Digitalis purpurea), Fingerkraut (Potentilla thurberi »Monarch's Velvet«), Frühlingswicke (Lathyrus vernus, weiß und rot), Hirse (Panicum virgatum »Hänse Herms«), 53| Indianernessel (Monarda fistulosa, unter anderen »Cambridge Scarlet«), 54| Knöterich (Bistorta amplexicaule und Persicaria filiformis), 55| Kokardenblume (Gaillardia aristata »Burgunder«), Lilientraube (Liriope muscari »Ingwersen«), Lerchensporn (Pseudofumaria ochroleuca), Rasenschmiele (Deschampsia caespitosa), 56| Salbei (Salvia curviflora, S. elegans und S. viridis »Pink Sunday«), Scheinmohn (Meconopsis cambrica, zugewandert), Schleierkraut (Gypsophila paniculta »Bristol Fairy«), Silbertaler (Lunaria annua), 57| Sonnenhut (Echinacea purpurea), Spornblume (Centranthus ruber, weiß und rot), Storchschnabel

51

52

53

54

55

56

57

58

59

(Geranium x gracile »Sirak«, G. makrorrhizum »Czakor« und G. sanguineum »Tiny Monster«), 58| Tränendes Herz (Dicentra spectabilis), Wiesenknopf (Sanguisorba menziesii), Wiesenraute (Thalictrum delavayi »Splendid White«), 59| Ziest (Stachys grandiflora »Superba« und S. monieri »Hummelo«).

60

61

Blumenzwiebeln und Knollen

60| Dahlien (Dahlia »Bishop of Llandaff« und unbekannt klein, einfach, früh, rot), 61| Märzbecher (Leucojum vernum), Narzissen (Narcissus, Triandrus-Narzissen »Thalia« und »Petrel«), Schachbrettblume (Frittilaria meleagris), Schneeglöckchen (Galanthus nivalis), Tulpen (Tulipa, Lilienblütige Tulpen »Marietta«, »Maytime« und »White Elegance«, Triumph-Tulpe »Havran« sowie Viridiflora-Tulpe »Pimpernel«).

Blaues Beet

Stauden, Gräser und Sommerblumen

61a| Akelei (Aquilegia caerulea), 62| Anemone (Anemone sylvestris), Aster (Aster Hybride »Oktoberlicht«, A. ageratoides, Art und »Asran«, A. cordifolius »Blue Heaven« und »Ideal«, A. ericoides »Hug« und A. radula), Bergminze (Calamintha nepeta), Blausternbusch (Amsonia tabernaemontana), Braunelle (Prunella grandiflora, Art und »Alba«), 63| Diptam (Dictamus albus, weiß), Duftnessel (Agastache Rugosa-Hybriden »Blue Fortune« und »Black Adder«), Duftsteinrich (Lobularia maritima), Ehrenpreis (Veronica longifolia »Blauriesin«), 64| Eisenhut (Aconitum carmichaelii »Arendsii« und »Mittelstand« sowie A. napellus), Eisenkraut (Verbena bonariensis und V. hastata), Elfenraute (Artemisia lactiflora »Elfenbein« und »White Lady«), Fingerhut (Digitalis purpurea, weiß), Flockenblume (Centaurea montana), 65| Gedenkemein (Omphalodes verna), Glockenblume (Campanula latifolia var. macrantha, C. persicifolia, C. poscharskyana, Art und »Blauranke« sowie C. portenschlagiana »Birch«), Hirse (Panicum virgatum »Hänse Herms« und »Shenandoah«), Jakobsleiter

61a

62

63

64

65

66

67

68

68

69

(Polemonium caeruleum), Katzenminze (Nepeta faassenii und N. racemosa »Snow Flake«), 66| Knorpelmöhre (Ammi visnaga), 67| Kugeldistel (Echinops ritro »Veitch's Blue«), Lampenputzergras (Pennisetum alopecuroides »Compressum«), Leinkraut (Linaria purpurea, zugewandert), Lupine (Lupinus polyphyllus, weiß und blau), Prunkwinde, Indische (Ipomoea indica), 68| Salbei (Salvia Hybride »Amistad«, S. nemorosa, Art und »Adrian«, »Caradonna« sowie »Deep Blue«, S. officinalis »Berggarten«, S. pratensis, Gartenform, und S. viridis »Oxford Blue«), Scheinmohn (Meconopsis cambrica, zugewandert), Scheinwaldmeister (Phuopsis stylosa »Purpurglut«), Schleierkraut (Gypsophila paniculata), 69| Schmuckkörbchen (Cosmos bipinnatus, weiß), Silberkerze (Cimicifuga simplex »White Pearl«), Silbertaler (Lunaria annua), Sternwolkenaster (Boltonia asteroides »Snowbank«), 70| Storchschnabel (Geranium Hybride »Rozanne«, G. x magnificum, G. pratense »Johnson´s Blue«, G. renardii und G. sanguineum »Album«), Strandflieder (Limonium latifolium), Tautropfengras (Sporobulus heterolepis), Vergissmeinnicht (Myosotis sylvatica), Wieseniris (Iris sibirica), Wiesenraute (Thalictrum aquilegifolium, weiß, Th. delavayi, Art und »Splendid White« sowie Th. rochebrunianum), Zittergras (Briza media).

Blumenzwiebeln und Knollen

70a| Anemone (Anemone blanda), Blausternchen (Scilla siberica), Blumenlauch (Allium tuberosum »Kobold«), 71| Camassia (Camassia quamasch), Dahlie (Dahlia-Hybride »Bishop of Leicester«), Glockenscilla (Hyacinthoides hispanica, weiß und blau), Krokus (Crocus tommasinianus), 72| Narzissen (Triandrus-Narzissen »Petrel« und »Thalia«), Scheinscilla (Puschkinia scilloides var. libanotica),

70

70

70

70a

70a

71

72

Schneeglöckchen (Galanthus nivalis), Traubenhyazinthen (Muscari latifolium), Tulpen (Tulipa, Lilienblütige Tulpen »White Triumphator« und »White Elegance«.

Gelbes Beet

Stauden, Farne, Blumenzwiebeln, Knollen und Sommerblumen

Alant (Inula ensifolia), Anemone (Anemone sylvestris), Duftnessel (Agastache barberi »Summer Glow«), Felberich (Lysimachia ciliata »Firecracker« und L. punctata), Feuerkolben (Arisaema fargesii), Flockenblume (Centaurea makrocephala), Gemswurz (Doronicum orientale »Magnificum«), Goldrute (Solidago caesia und S. rugosa), Mädchenauge (Coreopsis verticillata »Grandiflora«), Nelkenwurz (Geum montanum), 73| Nachtkerze (Oenothera glabra, zugewandert, und O. tetragona »Sonnenwende«), Ochsenauge (Buphthalmum salicifolium), Pfauenradfarn (Adiantum pedatum), 74| Pfingstrose (Paeonia lactiflora »Jan van Leeuwen« und P. mlokosewitschii), Sauerklee (Oxalis corniculata), Schafgarbe (Achillea filipendula »Parker« und A. macrophylla), 75| Scheinmohn (Meconopsis cambrica), 76| Schlüsselblume (Primula elatior), 77| Schmuckkörbchen (Cosmos sulphureus), Schuppenkopf (Cephalaria gigantea), Silberkerze (Cimicifuga simplex, Art und »Brunette«), Sonnenauge (Heliopsis helianthoides var. scabra), 78| Sonnenblume (Helianthus decapetalus und H. microcephalus), Sonnenbraut (Helenium autumnale, darunter »Moerheim Beauty« und »Bruno«), 79| Sonnenhut (Rudbeckia hirta »Prairie Sun«, R. fulgida var. deamii und var. sulivantii »Goldsturm«, R. nitida, R. subtomentosa sowie R. triloba), Staudenmohn (Papaver orientale, orangerot), Taglilie (Hemerocallis, darunter H. citrina,

73

74

75

76

79

78

77

H. lilioasphodelus und H. minor), Trollblume (Trollius europaeus), Wachsglocke (Kirengeshoma palmata), Waldmohn (Hylomecon japonica), Waldsteinie (Waldsteinia geoides und W. ternata), Wiesenraute (Thalictrum glaucum), Wolfsmilch (Euphorbia dulcis »Chamaeleon«, E. polycroma und E. seguiriana var. niciciana), Wucherblume, Späte (Leucanthemella serotina).

Blumenzwiebeln und Knollen

80| Blumenlauch (Allium flavum), 81| Dahlie (Dahlia-Hybride »Bishop of York«), Hundszahn (Erythronium Hybride »Pagoda«), Krokus (Crocus flavus), Schneeglöckchen (Galanthus nivalis), 82| Tulpen (Tulipa, Lilienblütige Tulpen »Westpoint« und »White Triumphator«).

80

81

82

Obst- und Gemüsegarten (nur Dauerkulturen)

Nordbeet

83| Aster (Aster divaricatus), Astilbe (Astilbe Arendsii-Hybriden »Brautschleier« und »Fanal«, A. chinensis var. pumila sowie unbekannt rosa), 84| Bärlauch (Allium ursinum), Blasenfarn (Cystopteris bulbifera), Christrose (Heleborus niger), Frauenfarn (Athyrium filix-femina und A. niponicum »Metallicum«), Frauenmantel (Alchemilla mollis), Funkie (Hosta unbekannt, blaue mittelgroße Blätter, stark wachsend, reich blühend), Gedenkemein (Omphalodes verna), 85| Glockenrebe (Cobaea scandens), Greiskraut (Ligularia przewalski), Habichtskraut (Hieracium maculatum »Leopard«), Hortensien (Hydrangea macrophylla, rosa, blau und weiß), Kaukasusvergissmeinnicht (Brunnera macrophylla), Königsfarn (Osmunda claytoniana und O. regalis), Krötenlilie (Tricyrtis hirta), Lerchensporn (Corydalis elata »Blue Summit«), Perlfarn (Onoclea sensiblis), 86| Magnolie (Magnolia kobus), Prunkwinde, Indische (Ipomoea indica), Rotschleierfarn (Dryopteris erythrosora), 87| Salomons-

83

84

85

86

87

siegel (Polygontum Hybride »Striatum«), Schaublatt (Astilboides tabularis), Scheinmohn (Meconopsis cambrica), Schellenbaumfarn (Dryopteris filix-mas »Lineraris polydactyln«), Schildfarn (Polystichum polyblepharum und P. setiferum »Proliferum«), Schlüsselblume (Primula elatior), Silberkerzen (Cimicifuga racemosa var. cordifolia und C. ramosa), Sterndolde (Astrantia major), Storchschnabel (Geranium macrorrhizum, G. phaeum sowie G. sanguineum, Art und »Apfelblüte«), 88| Strahlengriffel (Actinidia kolomikta), 89| Trauerglocke (Uvularia grandiflora), Tüpfelfarn (Polypodium vulgare), Türkenbundlilie (Lilium martagon), Vergissmeinnicht (Myosotis sylvestris).

Obst-und Gemüsebereich

Rosen

Rosa canina, R. hugonis, R. multiflora sowie Hybriden »Aicha«, »Ballerina«, »Berolina«, 90| »Charles Austin«, »Crimson Glory«, »Duftwolke«, »Evening Star«, 91| »Ghislaine de Féligonde«, 92| »Lavender Dream«, »Lavinia«, »Marguerite Hilling«, »Minnehaha«, »Mozart«, »Parade«, »Sangerhäuser Jubiläumsrose« und »Sebastian Kneipp«.

Obstbäume

Äpfel (Malus Hybriden »Berlepsch« und »James Grieve«), Aprikose (Prunus armeniacum, Sämling), 93| Quitte (Cydonia oblonga »Bereczi«), 94| Mispel (Mespilus germanicus), Pfirsich (Prunus persica, Sämling), Pflaumen (Prunus domestica »Große Grüne Reneklode«, »Hauszwetschge« und »Nancy-Mirabelle).

Beerensträucher

Brombeere (Rubus fruticosus »Wilsons Frühe«), Himbeeren (Rubus idaeus »Autumn Blis«, »Korbfüller« und »Meeker«), Holunder Sambucus nigra, Auslese), Jostabeere (Ribes x nidigrolaria »Dr. Bauers Jostine«), Loganbeere (Rubus logano bacchus), Johannisbeere (Ribes rubrum »Heinemanns Rote Spätlese« und R. nigrum »Titania«) sowie Stachelbeere (Ribes uva-crispa »Hönings Früheste«).

Sonstige Gehölze

Buchsbaum (Buxus sempervirens), Forsythie (Forsythia x intermedia), Gingko (Gingko biloba), Hartriegel (Cornus sanguinea), Johannisbeere (Ribes alpinum), Liguster (Ligustrum vulgare atrovirens).

Küchenkräuter

Estragon, Französischer (Artemisia dracunculus var. sativa), Liebstöckel (Levisticum officinale), Meerrettich (Armoracia rusticana), Melisse (Melissa officinalis), Salbei (Salvia officinalis), Schnittlauch (Allium schoenoprasum), Thymian (Thymus vulgaris), Weinraute (Ruta graveolens)

Andere Kräuter

Akelei (Aquilegia caerulea), Aster (Aster novae-angliae, Sorten unbekannt), Christrose (Helleborus niger), 95| Dahlien (Dahlia Hybriden »Bishop of Llandaff«, »Bishop of Leicester« und »Honka Wit«), Fingerhut (Digitalis purpurea), 96| Glockenscilla (Hyacinthoides non-scripta), Herzgespann (Leonurus marrubiastrum), 97| Kapuzinerkresse (Tropaeolum majus), Margerite (Leucathemum vulgare), 98| Mohn (Papaver rhoeas), 99| Ringelblume (Calendula officinalis), Pfingstrosen (Paeonia officinalis, gefüllt, und P. lactiflora, Sorten unbekannt), Schlüsselblume (Primula elatior), 100| Schmuckkörbchen (Cosmos bipinnatus), 101| Schneeglanz (Chionodoxa luciliae), 102| Schwert-

102

102

103

lilien (Iris barbata Hybriden und I. sibirica), Silbertaler (Lunaria annua, weiß), Sommerphlox (Phlox paniculata), 103| Stockrosen (Alcea rosea), 104| Sonnenblume (Helianthus annuus), Vergissmeinnicht (Myosotis sylvestris), Wasserdost (Eupatorium fistulosum »Atropurpureum«), 105| Wegwarte (Cichorium intybus), 106| Weidenröschen (Epilobium angustifolium, rosa und weiß), 107| Wicke (Lathyrus odoratus), Wucherblume, Späte (Leucanthemella serotina).

104

105

106

107

Eingangsbereich

108

108

Gehölze

Apfel (Malus Hybride »Holsteiner Cox«), Birne (Pyrus Hybride »Salzburger Birne«), Buchsbaum (Buxus sempervirens), Echter Weinstock (Vitis vinifera »New York Weiß« und »Carignan Rouge«), Efeu (Hedera helix), Hortensien (Hydrangea macrophylla »Red Angel«, H. paniculata »White Diamond« und H. petiolaris), Jungfernrebe (Parthenocissus quinquefolia »Engelmannii«), Pfirsich (Prunus persica »Rekord aus Alfter«), Pflaume (Prunus domestica »Hauszwetschge«), 108| Rosen (Rosa »Aicha«, »Pleine des Grace« und »Schloss Seußlitz«), Schattenmorelle (Prunus cerasus subspec. acida »Beutelsbacher Rexelle«), Süßkirsche (Prunus avium, Sorte unbekannt), Waldrebe (Clematis tangutica »Aureolin«).

Stauden, Sommerblumen und Blumenzwiebeln

Akelei (Aquilegia caerulea), Ackerrittersporn (Consolida regalis), Blumenlauch (Allium nigrum), Dost (Origanum vulgare), Duftveilchen (Viola odorata), Eisenkraut (Verbena bonariensis und V. hastata), Felberich (Lysimachia ciliata »Firecracker«), Fette Henne (Sedum spectabile und S. Hybride »Matrona«), Frauenmantel (Alchemilla mollis), 109| Herbstastern (Aster cordifolius, A. divaricata, A. ericoides »Pink Star«, A. novae-angliae und A. novi-belgii), Indianernessel (Monarda fistulosa), Iris (Iris reticulata), Kapuzinerkresse (Tropaeolum majus), Kaukasusvergissmeinnicht (Brunnera macrophylla), Lungenkraut (Asarum europaeum), Lupine (Lupinus polyphyllus), Margerite (Leucanthemum maximum), 110| Mohn (Papaver rhoeas, zugewandert, und P. somniferum, Gartenformen), Pfeifengras (Molinia caerulea »Moorhexe«), 111| Präriekerze (Gaura lindheimeri), Präriezapfenblume (Ratipida pinnata), Salbei (Salvia viridis), Silbertaler (Lunaria annua), Sommeraster (Aster x frikartii »Mönch«), Sommerphlox (Phlox maculata »Mrs Lingard«, P. paniculata, darunter »Flame Lilac«, »Herbstwalzer«, »Hesperis«, »Kirchenfürst« und »Purple Paradise«), 112| Sonnenbraut (Helenium Hybriden »Lug« und »Moerheim Beauty«), 113| Sonnenhut (Rudbeckia hirta und R. triloba), Stockrose (Alcea rosea), Storchschnabel (Geranium phaeum), Taglilien (Hemerocallis Hybriden, Sorten unbekannt), 114| Tulpen (Tulipa, Triumph-Tulpe »Negrita«), Walderdbeere (Fragaria vesca, zugewandert), 115| Winde (Ipomoea indica).

Topf- und Kübelpflanzen

116| Agapanthus (Agapanthus africanus), Begonien (Knollenbegonie und Begonia x semperflorens »Dragon Wing F1«), Citruspflanzen (Citrus limetta, Limette, C. limon, darunter »Meyer« und »Limonade«, Zitrone, C. reticulata var. tangarine, Mandarine, C. sinensis, Orange, Fortunella margarita, Kumquat), Diascie (Diascia barberae »Ruby Field«), Hängepelargonien (Pelargonium peltatum in verschiedenen Farben), Sauerklee (Oxalis articulata) 117| Oleander (Nerium oleander, einfach blühende Formen in verschiedenen Farben), 118| Wandelröschen (Lantana camara, Hybriden in verschiedenen Farben), Zieringwer (Hedychium gardnerianum), Zitronenverbene (Aloysia triphylla), 119| Zylinderputzer (Callistemon viminalis).

Hinweis zur zweiten Auflage

Unser Garten verändert sich ständig. Das Buch beschreibt ihn im Jahr 2014. Drei Weiterentwicklungen zwischen der ersten und der zweiten Auflage sollen hier jedoch erwähnt werden:

Von den Buchsbaumbüschen im unteren Phloxgarten haben wir uns getrennt, weil sie mit ihren ausschweifenden Wurzeln die benachbarten Stauden massiv bedrängten. Stattdessen haben wir dort zwei Pfirsichbäume (»Revita«) gepflanzt. Sie betonen die leichte und luftige Atmosphäre dieses Gartenteils. Zugleich verbessern sie den Sichtschutz gegen das im Süden neu gebaute Doppelhaus.

Außerdem haben wir im Rotblaugelbgarten die Myrobalane und die Sternmagnolie gegen einen Zierapfelbaum (»Evereste«) ausgetauscht. Dieser steht randlich auf dem großen Sitzplatz und wir erhoffen uns davon bei Sonnenwetter eine wirkungsvollere Beschattung des dort stehenden langen Tisches.

Seit Jahren wünschen wir uns in unserem Garten an einer passenden Stelle Fliederbüsche. Jetzt wachsen im großen Beet vorm Haus drei Büsche dieser altmodischen Gehölzart (»Marie Legraye«, »Ludwig Späth« und »Charles Joly«). Auch sie sollen helfen, das sehr dicht herangebaute Nachbarhaus freundlich zu kaschieren. Zugleich sollen sie auf Dauer für eine pflegeleichte Schattierung des Beetes sorgen.

DIE AUTOREN UND DIE FOTOGRAFIN

Gesa Klaffke-Lobsien, Jahrgang 1937, studierte Biologie an den Universitäten Kiel, Freiburg und Hannover. Nach dem Studium und einigen Jahren in der Forschung arbeitete sie als Studienrätin. Seit 2001 koordiniert sie die Aktion »Die Offene Pforte. Gärten in und um Hannover« und wurde dafür 2013 mit dem vom Heimatbund Niedersachsen und der Landeshauptstadt Hannover vergebenen Cord-Borgentrick-Preis ausgezeichnet.

Kaspar Klaffke, Jahrgang 1937, studierte nach Abitur und Gärtnerlehre in Braunschweig Landschaftsarchitektur in Hannover und arbeitete dort mit Promotion einige Jahre in der Forschung. Später war er Leiter der Gartenverwaltungen in Braunschweig und Hannover. Nach seiner Pensionierung engagierte er sich mehrere Jahre ehrenamtlich als Präsident der Deutschen Gesellschaft für Gartenkunst und Landschaftskultur.

Gesa Klaffke-Lobsien und Kaspar Klaffke haben gemeinsam bereits zwei Bücher zu Gartenthemen in der Region Hannover veröffentlicht. 2016 haben sie den Alma de l´Aigle-Preis der Gartengesellschaft erhalten.

Jutta Alms, Jahrgang 1963, studierte Mathematik und Informatik in Hannover. Sie interessierte sich schon als Kind für die Fotografie. Die Liebe zu Gärten entdeckte sie 1997 in der Normandie. Seitdem hat sie sich auf zahlreichen Reisen sowie im Rahmen der Offenen Pforte Hannover mit der Kamera in der Hand damit beschäftigt, den Zauber und die Atmosphäre verschiedener Gärten fotografisch einzufangen.